学术专著系列图书

基于压痕测试的材料力学性能识别理论与方法

U0262201

吴建军　王明智 著

西北工业大学出版社

西　安

【内容简介】 本书主要阐述了基于压痕测试的材料弹塑性、各向异性参数的识别及实际应用。全书分为 6 章,主要内容包括几种各向异性屈服准则常数的确定、UMAT 子程序开发及其在表征各向异性材料压痕响应上的应用,仅采用球形压痕形貌的材料弹塑性、各向异性塑性参数识别、反问题求解的建模方法及识别结果唯一性的探讨,基于贝叶斯推断并考虑不确定性的材料塑性参数识别,基于压痕加载斜率与平均压痕半径的各向异性板料等效硬化指数的确定,采用横截面压痕实验的材料塑性异性参数识别。

本书可作为钣金加工和精密制造领域工程技术人员、科研人员的参考书,同时也可用作高等院校研究生的参考书。

图书在版编目(CIP)数据

基于压痕测试的材料力学性能识别理论与方法 / 吴建军,王明智著 . —西安:西北工业大学出版社,2021.11

ISBN 978 - 7 - 5612 - 8009 - 6

Ⅰ . ①基… Ⅱ . ①吴… ②王… Ⅲ . ①航空航天工业-钣金件-材料力学性质-研究 Ⅳ . ①V250.3

中国版本图书馆 CIP 数据核字(2021)第 215310 号

JIYU YAHEN CESHI DE CAILIAO LIXUE XINGNENG SHIBIE LILUN YU FANGFA

基 于 压 痕 测 试 的 材 料 力 学 性 能 识 别 理 论 与 方 法

责任编辑:胡莉巾		策划编辑:梁 卫		
责任校对:王玉玲		装帧设计:李 飞		

出版发行:西北工业大学出版社

通信地址:西安市友谊西路 127 号　　邮编:710072

电　　话:(029)88491757,88493844

网　　址:www.nwpup.com

印　刷　者:西安浩轩印务有限公司

开　　本:710 mm×1 000 mm　　1/16

印　　张:12.75

字　　数:250 千字

版　　次:2021 年 11 月第 1 版　　2021 年 11 月第 1 次印刷

定　　价:75.00 元

前　言

　　深入了解材料的各项基本力学性能是进行材料成形建模和工艺研究的基础和前提。钣金材料种类繁多,在现代航空航天制造领域得到了广泛的应用。当前,钣金材料力学性能的实验检测多依赖于传统的单轴拉伸、双向拉伸及剪切等测试方法。这些现有实验测试方法存在诸多使用上的局限性,如试件准备过程复杂、对试件尺寸/几何形状要求高,以及难以实现材料力学性能的原位测试等。传统实验检测方法所存在的上述测试局限性问题,容易导致在板材塑性成形研究中,难以获取准确和全面的材料力学性能数据,进而严重制约航空航天领域板材成形塑性模型的准确建立,以及成形过程的分析和优化研究。

　　压痕测试技术是近些年逐渐兴起的一种全新的材料力学性能测试方法。它通过刚性压头加载作用于试件表面,提供了一种引起材料局部多轴应力状态的无损检测方法。其实验准备过程简便,实验数据可信。这种测试方法的优势在于,其可以适用于上述常规力学测试方法不便或不能应用到的材料性能检测领域,进而为解决钣金材料基本力学性能测试问题提供了有效途径。

　　本书针对航空航天领域钣金材料基本力学性能的压痕测试理论与方法展开研究。通过结合压痕实验数据分析、有限元仿真及数值计算,建立基于压痕响应的材料力学性能参数识别方法,并着重于揭示材料参数识别中所涉及的参数识别唯一性、敏感性及可信域等科学问题,以实现基于压痕测试手段的钣金材料基本力学性能参数识别。上述研究工作的开展对于推动钣金材料力学性能的实验测试技术发展具有重要意义。

　　本书重点论述材料各向异性的确定,采用压痕轮廓响应的材料弹塑性参数和塑性异性参数的识别方法,基于统计学贝叶斯推断的材料塑性参数识别中的不确定性,以及各向异性材料硬化模型的确定等内容。本书既重视基本概念的阐述,也重视定量计算,以利于在生产、科研实际中的具体应用。与同类书相比,本书的特点是紧密联系钣金材料的性能异性特点,在笔者已出版的学术专著《板料成形性基本理论》(吴建军,周继贤. 西北工业大学出版社,2010 年)的基础上进行深入研究与探讨,书中主要内容作为科研成果曾在国内外重要期刊和会议上发表过。本书所涉及的研究内容能够有效用于采用压痕测试方法来获取钣金材料的各向同性弹塑性及各向异性塑性力学性能,对钣金材料力学性能实验测试方法的发展、后续材料塑性成形数值模型的准确建立以及相应工艺仿真和优化的研究具有积极推动作用。

　　本书由吴建军和王明智撰写。其中,吴建军编写第 1～3 章全部及第 4～6 章部分内容,王明智编写 4～6 章部分内容。全书由吴建军统稿。

　　在本书编写的过程中还参阅了有关著作、文献以及所在课题组研究生的部分研究成果,在此一并致以诚挚的谢意。

　　由于水平有限,书中难免有不当之处,敬请读者批评指正。

著　者

2021 年 2 月

目　录

第 1 章

概　述

深入了解材料的力学性能,能够为材料成形、建模和工程计算提供最原始的科学数据,是开展塑性成形相关工程应用研究的基础和前提。因此,发展精确且便捷的材料力学性能检测原理和方法日益受到各国学者的着重关注。近些年,尽管诸多学者在单向和双向拉伸/压缩测试材料性能的理论、方法以及实验方面开展了很多工作,然而在实际工程应用中,现有的这些实验测试方法的适用范围仍然存在很大的局限性。例如,其难以应用于一些小尺寸材料、镀层材料,以及材料的无损检测和原位测试等。

此外,钣金材料由于轧制以及组织织构等原因存在着较强的各向异性力学性能。对于经过轧制的金属板料、挤压型材、合金管材以及一些镀层材料等,其各向异性力学性能通常表现在各个方向。现有测试这些材料各向异性力学性能的方法,一般为沿着与轧制方向呈一定的夹角分别切取条状试件,通过单向拉伸实验进行性能测试。显然这种实验方法具有一定的破坏性,不能满足材料的无损检测需求。此外,这种实验方法的准备过程比较烦琐,只能适用于具有一定尺寸空间的板料。对于挤压型材和合金管材在某些方向上并不能很好适用。

压痕测试技术提供了一种引起材料局部多轴应力状态的无损检测方法,实验准备过程简单,实验结果可信。这种方法的优势在于其可以适用于上述常规实验测试方法不便或不能应用的测试领域,进而为钣金材料异性性能测试问题的解决提供有效途径。材料各向异性变形行为对于钣金材料成形过程的显著影响以及现有实验方法所存在的局限性表明,采用压痕这种简便的实验测试方法获取钣金材料塑性各向异性力学性能具有较高的潜在价值。

|1.1 材料力学性能测试的基本方法|

准确获取钣金材料的各项基本力学性能,如弹性模量、屈服应力、硬化指数及塑性各向异性参数等,是开展材料塑性成形工艺研究及应用的基础和前提。这将为钣金材料的塑性成形仿真建模及相关工艺设计提供原始的科学数据。近些年来,尽管诸多学者在单向拉伸/压缩、双向拉伸、复合拉剪及纯剪切等实验理论和方法上做了许多工作,也制定了相应的测试标准,然而,在实际的工程应用中,现有的这些实验测试方法的适用范围仍然存在很大的局限性。图1-1所示为一些目前常用的材料力学性能实验测试方法。一方面,这些现有实验测试方法所需的准备周期长,并且需要将试件按照一定的标准切割为既定的几何形状,属于破坏性实验。同时,对于一些尺寸较小或形状空间受限制的材料,通常无法从中截取标准的试样来测试其力学性能。另一方面,传统实验测试方法不能实现材料局部力学性能无损检测以及在役件性能的检测,如对焊接件中不同热影响区的性能测试等。

钣金材料在航空航天领域得到了广泛的运用,其种类繁多且成形工艺过程复杂。上述传统试验检测方法所存在的材料性能测试局限性问题,容易导致在钣金材料塑性成形研究中,难以获取准确和全面的材料力学性能数据,进而严重制约航空航天领域钣金材料塑性成形模型的准确建立,以及成形过程的分析和优化研究。

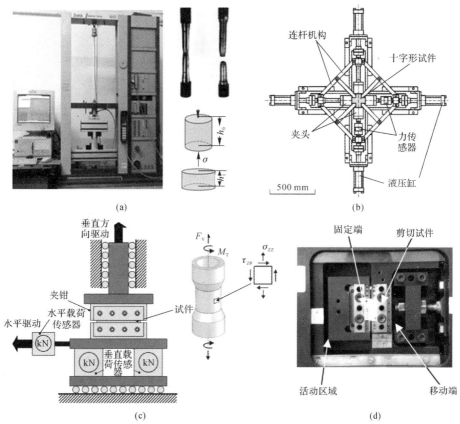

图 1-1 几种常用的材料力学性能实验测试方法
(a) 单轴拉伸/压缩；(b) 双向拉伸；(c) 复合拉剪；(d) 纯剪切

钣金材料由于轧制以及组织织构等原因，通常存在着较强的各向异性力学性能，如轧制板材、挤压型材/管材以及一些纤维增强金属基复合材料等。其各向异性通常表现为挤压/轧制（或纤维）方向上的机械性能与其他方向存在一定的差异。当前，对于这些材料各向异性力学性能的检测仍然依赖于传统的实验测试方法，需要沿着不同方向切取试件进行单轴实验。显然，这种实验测试方法非常烦琐，且使用上局限性很大。众所周知，材料各向异性性能的检测在材料塑性成形研究中并不是可有可无的。塑性各向异性的存在使材料在成形过程中常常带着一定的变形取向，这对于材料的精确成形有着非常大的影响。例如，面内异性性能将导致板料在拉深成形过程中产生"制耳"现象，而板料的厚向异性也同样重要，与板料的面内异性一起决定了板料的成形精度。图 1-2 所示分别为板材在拉深塑性成形中的破裂和"制耳"现象。

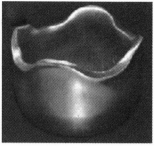

(a)　　　　　　　　　　　　　　　　(b)

图 1 - 2　板料塑性成形中的破裂和"制耳"现象

(a)破裂现象;(b)"制耳"现象

对于在挤压和垂直于挤压方向上存在明显性能各向异性的挤压型材(存在纤维织构),其变形时将会导致材料产生轴对称的流动各向异性。这种轴对称的流动各向异性行为和面内异性将引起非主要变形方向材料强度的降低,尤其是在与纵向成 45°夹角方向附近更是如此。轴对称流动各向异性同样会导致材料屈服应力和抗拉强度之间差别的减小。对于在航空航天中的运用而言,在偏离主要承载方向上材料强度的降低将会抵消主要工作方向上材料原本高强度所带来的优势,如机身纵梁等一些运用在主应力沿着主要承载方向的部件。随着轻量化/低密度及高模量钣金材料在航空航天等领域的日益广泛应用,开展对此类材料各向异性力学性能准确检测方面的研究将十分必要。

近些年逐渐发展起来的压痕测试技术为解决上述传统力学性能测试方法中存在的问题提供了可能,并被一些学者视为传统力学性能测试方法的有效替代手段。压痕测试方法最初用于材料硬度的检测,后来逐渐发展到通过分析连续压入和卸载过程的载荷-位移关系曲线($P - h$ 曲线)来获取材料的弹性模量以及各种塑性力学性能参数,如屈服应力和应变硬化指数等。在压痕实验中,通过施加力或位移驱动,使刚性压头逐渐穿透试件表面,从而导致压头底部材料的局部处于多轴变形状态。通过分析材料在加载和卸载过程中的力学响应,如载荷-位移关系曲线,以及卸载残留在试件表面的压痕形貌等实验信息,可以定性或定量地得到材料的各种力学性能参数。

这种实验方法的优势在于其可以适用于上述常规实验测试方法不便或不能应用到的材料力学性能测试领域,进而为钣金材料力学性能测试问题的解决提供了一种有效途径。目前,如何通过压痕测试方法获取稳定、可靠的材料塑性力学性能正成为国际上诸多学者研究的热点学术问题。

压痕测试技术也称为深度-敏感压入测试技术。在进行压痕实验时,该测试系统将具有一定尺寸和形状的刚性压头压入被测试材料的表面,然后再逐渐卸载,如图 1-3 所示。通过安装在设备上的高精度载荷和位移传感器,可以分别记录下压头在加载和卸载整个过程中的载荷和位移随时间的变化关系。针对材料在压入测试过程中的载荷-位移关系曲线以及卸载后残留在试件表面的压痕形貌等实验信息,并结合一定的压痕测试理论与方法,能够得到材料的一些基本力学性能信息,如硬度和弹性模量等。

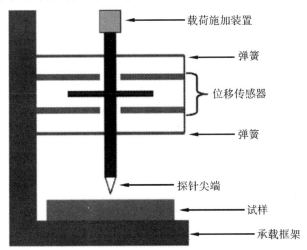

图 1-3　深度-敏感压痕测试仪器的基本原理

深度-敏感压痕测试仪器属于高精密重大基础科研设备。近几十年来,微尺度条件下材料的力学性能及变形行为得到了国际研究者们的广泛关注。微纳米压痕测试设备及相关材料力学性能测试理论在这一背景下得到了快速发展。微纳米压痕仪由于具有较高的微纳米尺度分辨能力和测试能力,为材料在宏微观尺度下的变形行为研究提供了高精密的测试手段,同时也产生了一大批针对材料力学性能压痕测试技术的研究成果。图 1-4 所示为一些常见的商业微纳米压痕仪器。当前,国际上常见的商用微纳米压痕仪器主要由美国的 Nanovea 公司、Agilent 公司和 Hysitron 公司,瑞士的 CSM 公司以及英国的 MML 公司等提供。国内现有的商业化微纳米压痕仪器并不多见。但是,目前国内学者们在压痕仪器的研制中取得了很大的突破,如吉林大学赵宏伟教授团队对微纳米压/划痕设备进行研发,并经由长春因赛图公司生产出了 GWYH 等系列微纳米压痕仪器。

图 1-4 当前国内外一些常见的商业微纳米压痕仪器
(a)美国 Nanovea CB500;(b)美国 Agilent G200;
(c)瑞士 CSM Revetest;(d)美国 Hysitron TI-980;
(e)英国 MML;(f)中国长春因赛图 GWYH

在弹塑性材料的压痕测试中,一般可供选用的压头形状比较多。常见的压头有三棱锥形、四棱锥形、圆锥形和球形等,如图 1-5 所示。不同的压头由于其外形尺寸的差异,在加载时所产生的材料变形场及力学响应不同,因而被应用于不同的材料性能测试领域。对于具有尖角和棱边的压头,在压痕加载时会在压头与试件的接触区产生较高的应力。对于脆性材料,这将更容易导致裂纹的出现。因此这一类压头常被用于测试脆性材料的断裂性能。对于球形压头,其特殊的旋转抛物面更容易与材料产生平滑接触,在压痕深度较浅时,材料仅产生弹性变形,而在较深加载时压痕底部材料会逐渐从弹性过渡到塑性状态。这种特性使得球形压头更适用于评估材料的弹性和塑性力学性能。

对于不同形状的压头,又可以依据压头轴对称形状,将其分为自相似和非自相似两种类型。圆锥形压头、三棱锥和四棱锥形状压头,其顶端较尖锐,能够在压入过程中获得较大的材料塑性变形。但又由于其本身几何形状的自相似特征,在加载过程中材料的硬度与加载深度相对独立。对于球形压头,由于所具有的旋转抛物面外形和非自相似属性,其应力、应变场在压头加载过程中将随着加载深度演化,从而导致硬度值依赖于压痕深度。

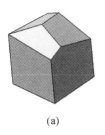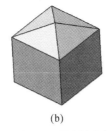

(a)   (b)   (c)   (d)

图 1-5　压痕测试中常用的几种压头的形状

(a)三棱锥形;(b)四棱锥形;(c)圆锥形;(d)球形

图 1-6 所示为弹塑性材料典型的深度-敏感压痕测试的载荷-位移关系曲线。这个曲线可以分为加载和卸载两个部分,分别对应于塑性加载和纯弹性卸载两个阶段。压痕加载曲线一般用于分析材料的塑性性能,如硬度、屈服应力及应变硬化指数等,而弹性卸载部分则多用于分析材料的弹性模量。

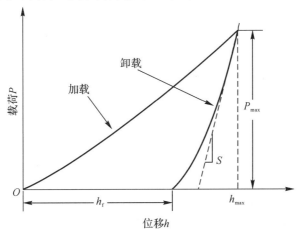

图 1-6　压痕测试载荷-位移关系曲线

一般而言,压痕的载荷-位移关系曲线包含如下几个特征参数:最大加载力

$P_{\max}$、最大加载深度 $h_{\max}$、卸载刚度 S 以及卸载残余深度 h_{f}。卸载刚度一般由卸载曲线的初始斜率求出,表示为

$$S = \frac{\mathrm{d}P}{\mathrm{d}h}\bigg|_{P = P_{\max}} \qquad (1-1)$$

在压入测试中,被测试材料的载荷-位移关系曲线形状会随着材料本身力学本构行为的不同而表现出一定的差异。图 1-7 所示分别为对应于理想弹性材料、理想塑性材料以及弹塑性硬化材料典型的压痕载荷-位移关系曲线示意图。从图 1-7 中可以看出,对于具有不同弹塑性特征的材料,其压痕加载和卸载曲线形状具有明显的区别。对于理想弹性材料,其压痕载荷-位移关系曲线为线性,且卸载后在试件表面将不会存在残留的压痕凹坑。对于理想塑性材料,其压痕加载曲线将表现出非线性特征。由于材料在压痕加载过程中的塑性变形,在压头卸载后试件表面将形成一个残留的压痕凹坑。同时,在压头初始卸载过程中,材料不会发生弹性恢复。对于图 1-7(c)中具有应变硬化的材料,其压痕载荷-位移关系曲线的加载和卸载两个部分均会表现出明显的非线性特征。而且在卸载过程中,随着压头的卸载,压头底部的材料将会发生弹性恢复。在压痕问题的研究中,如果没有特别强调材料的塑性特点,一般是指弹塑性硬化材料,其压痕测试载荷-位移关系曲线形状如图 1-7(c)所示。

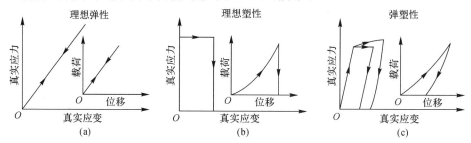

图 1-7 几种典型塑性材料的压痕载荷位移关系曲线特征

(a)理想弹性材料;(b)理想塑性材料;(c)弹塑性硬化材料

对于具有弹塑性变形特征的材料,其压痕卸载后残留在试件表面的压痕轮廓同样是非常重要的实验测量量。图 1-8 所示为在尖锥形压头作用下,弹塑性材料在加载和卸载状态下的压痕轮廓形貌示意图。一般在实验中,压痕形貌可以通过扫描电子显微镜(Scanning Electron Microscope,SEM)测试或三维共聚焦显微成像设备进行测量。

在图 1-8 中,$h_{\max}$ 为最大加载深度,a_{r} 为在加载状态下压痕轮廓接触半径。对于卸载残留轮廓形貌,重要的压痕形貌响应量还应包含接触深度 h_{c}、接触半径 a_{c} 以及残留压痕深度 h_{f}。在压痕问题研究中,材料的轮廓响应信息不仅

包含这几个特定的形状尺寸参数,也可以是整个卸载残留压痕轮廓形貌的形状快照。对于弹塑性各向同性材料,其在压痕作用下所产生的形貌信息与材料的硬化特征关系较大。对于各向异性材料,在压痕作用下材料将产生非轴对称的变形行为,这与材料的力学性能在不同方向上的差异密切相关。

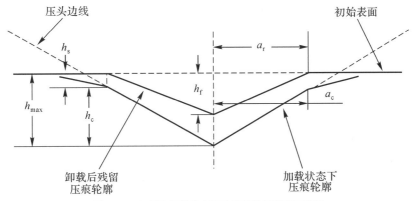

图 1-8 加载和卸载状态下的压痕轮廓形貌示意图

|1.2 基于压痕实验的材料力学性能测试研究现状|

1.2.1 硬度、弹性模量的检测

硬度可以认为是人类对于材料力学性能最为直观的一种认知。比如,人们经常采用"软"和"硬"来形容自身对于材料在物理接触下的感觉。最早对于材料硬度的定义源于学者 Brinell。他将硬钢球压入待测试金属表面,然后测量残留球形压痕区域的接触面积,将硬度定义为加载力与残留压痕区域接触面积的比值。后来又逐渐出现了各种不同的硬度定义方法,如维氏硬度、努氏硬度等。材料的硬度 H 一般表示为

$$H = \frac{P_{max}}{A_c} \qquad (1-2)$$

其中,P_{max} 表示压痕加载所用的最大载荷;A_c 为残留在试件表面压痕轮廓的投影接触面积。硬度本质上反映了材料在外力作用下抵抗变形的能力,是力学性能的综合性指标。

在传统的硬度测量方法中,一般依赖于光学显微镜对残留在试件表面的压

痕轮廓接触参数进行测量。致力于采用深度-敏感压痕测试技术来获取材料的弹性模量的研究最早开始于 19 世纪 70 年代。学者 Bulychev, Alekhin, Shorshorov 等人研究采用仪器化压痕测试仪器所得的连续载荷-位移关系曲线来计算材料的硬度。通过采用卸载曲线的斜率来估算残留压痕接触面积 A_c，从而在硬度计算中避免了对压痕接触面积 A_c 的直接光学测量。

在 1992 年，学者 Oliver 和 Pharr 提出了著名的"Oliver-Pharr"方法，用于依据仪器化压入测试的载荷-位移关系曲线来测量材料的硬度和弹性模量。该方法由于测试的简便性而得到了广泛运用。基于 Snedden 等人对于任意压头压入弹性半无限空间材料的压痕分析，可以将这个过程中所涉及的压头几何参数、接触刚度、接触面积以及弹性模量之间的关系表示为

$$S = 2\beta\sqrt{\frac{A_c}{\pi}}E_r \qquad (1-3)$$

其中，β 为一个依赖于压头几何的常数（对于 Berkovich 压头，β 取值为 1.034）；E_r 为等效弹性模量，用以考虑试件和压头弹性变形共同作用的影响，且存在如下关系：

$$\frac{1}{E_r} = \frac{(1-\nu^2)}{E} + \frac{(1-\nu_i^2)}{E_i} \qquad (1-4)$$

式中，E_i 和 E 分别表示压头和被测试材料的弹性模量；ν_i 和 ν 分别表示压头和被测试材料的泊松比。

在计算弹性模量时，式(1-3)中的接触刚度 S 和投影接触面积 A_c 需要通过压痕卸载曲线来确定。Oliver 和 Pharr 指出，弹塑性材料的压痕卸载曲线并非如 Doerner 和 Nix 所假定的呈线性，而应该采用下式的幂指数关系描述：

$$P = B(h - h_f)^m \qquad (1-5)$$

其中，B 和 m 为拟合参数。卸载刚度 S 通过式(1-1)在最大压痕力 P_{max} 处获得，则有

$$S = \frac{dP}{dh}\Big|_{P=P_{max}} = Bm(h_{max} - h_f)^{m-1} \qquad (1-6)$$

对于任意已知几何形状的压头，其投影接触面积是接触深度的函数。对于理想形状的 Berkovich 压头，其面积函数表示为

$$A_c = 24.56h_c^2 \qquad (1-7)$$

在实际中，由于加工水平以及压头使用中的磨损等原因，实际的压头形状很难保证是理想尖端状态，因此需要采用压头尖端几何或面积函数校准的方法。通过在熔融石英上进行一系列压痕实验，采用下式来拟合接触面积 A_c 与接触深度 h_c 之间的函数关系：

$$A_c = 24.56h_c^2 + C_1h_c^1 + C_2h_c^{1/2} + C_3h_c^{1/3} + \cdots + C_8h_c^{1/8} \qquad (1-8)$$

其中，$C_1 \sim C_8$ 为拟合参数。

式(1-8)中的第一项表示理想 Berkovich 压头的接触面积，而其他项则表示由于压头尖端钝化所导致的接触面积估算的偏离程度。

对于接触深度

$$h_c = h_{max} - \varepsilon \frac{P_{max}}{S} \qquad (1-9)$$

其中，ε 为依赖于压头几何形状的常数。对于 Berkovich 压头，ε 取值为 0.75。

采用"Oliver-Pharr"方法获取材料硬度和弹性模量的技术目前已经较为成熟。图 1-9 所示为采用该方法计算材料硬度和弹性模量的流程。"Oliver-Pharr"方法的提出使得基于深度-敏感压痕测试技术获取材料硬度和弹性模量变得更加简单，并在 2002 年被写入压痕测试国际标准 ISO 14577—2002《金属材料·硬度和材料参数的仪器压痕试验》中，这极大地促进了材料力学性能仪器化压痕测试技术的发展。

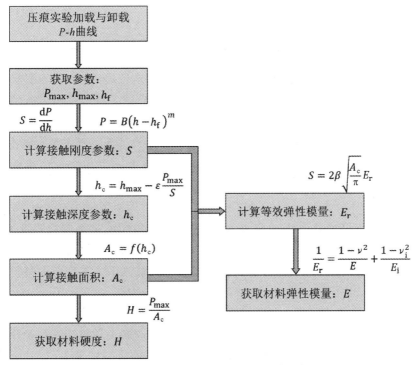

图 1-9 "Oliver-Pharr"方法计算材料硬度和弹性模量的流程

虽然"Oliver-Pharr"方法很容易使用，但是该方法也同样存在一些缺点。比如，"Oliver-Pharr"方法基于弹性压痕问题的假设，无法考虑材料在发生凸起现象时所引起的对于接触面积估计的偏差。当材料发生凸起现象时,采用"Oliver-Pharr"方法所估算的材料接触面积 A_c 低于实际压痕的接触面积,从而导致计算所得硬度值偏高。除了"Oliver-Pharr"方法外,材料硬度和弹性模量的仪器化压痕测试方法还有很多,如基于 AFM 的直接面积法和压痕功法等。这些方法均有各自的优缺点,在这里将不再详细进行介绍。此外,"Oliver-Pharr"方法并不能用于获取材料的单轴塑性力学性能。

1.2.2　塑性应力-应变关系的表征

采用压痕测试方法来获取金属材料单轴塑性力学性能的研究最早可以追溯到 Tabor 在 1951 年所做的工作。当时 Tabor 通过球形压痕实验观察,提出了表征应变的概念,并定义如下的关系式表示材料的压痕应力与单轴流动应力之间的关系:

$$\sigma_t = \frac{P_m}{\psi} = \frac{1}{\psi}\frac{L}{A} \tag{1-10a}$$

$$\varepsilon_t = 0.2\frac{a}{R} \tag{1-10b}$$

其中,σ_t 和 ε_t 分别表示表征应力和表征应变;L 表示压痕力;A 为投影接触面积;a 为残余压痕半径,且 $A=\pi a^2$;R 为压头半径;P_m 表示压头表面的接触压力。

通过式(1-10)中的定义,可以将连续加载和卸载过程中所获得的实验测量参数转化成表征被测试材料单轴流动性能的流动应力 σ_t 和应变 ε_t。参数 ψ 为塑性约束因子,表示压痕接触面压力 P_m 与对应表征应变 ε_t 下表征应力 σ_t 的比值。Tabor 针对铜和钢的压痕实验研究表明,当塑性约束因子为 2.8 时,采用式(1-10)转化所得的材料流动应力-应变曲线与单轴实验结果吻合得非常好。Tabor 的研究成功地将压痕实验测量参数转换成表示材料单轴力学性能的有效数据。这激起了其它学者极大的兴趣,他们通过压痕测试方法来获取材料的单轴塑性力学性能。

早期的研究者们多借助弹塑性理论来分析材料在压痕作用下的变形行为。Ishlinsky 以及 Hill 等人采用滑移线理论,通过假定材料为理想塑性且符合平面应变假设,对压痕问题进行了理论求解。Ishlinsky 的研究结果表明,对于理想塑性材料,压痕接触压力与材料单轴流动应力的比值(约束因子 ψ)为 2.61~2.84。Hill 采用滑移线场理论以及刚塑性材料模型进行了压痕问题的研究。结果表明,平均接触压力近似为材料单向拉伸流动应力的 3 倍。

　　采用经典塑性变形理论来描述压痕作用下材料的塑性变形行为源于 Hill 对于弹性理想塑性材料准静态内压球壳变形问题的求解。Samuels 和 Mulhearn 等人的研究表明，当钝压头加载时，接触面下材料位移近似为径向对称状态。因此，压痕作用下的材料变形存在半球形等效应变的分布。通过考虑半径为 a 的半球形核区域，Johnson 提出了一个简单的理论模型来描述压痕底部材料的变形状态，称之为孔洞模型（Expanding Cavity Model，ECM）。该理论模型将压痕底部材料的变形分为三个部分，分别为环绕在压头底部的静水压力区、包裹在静水压力区外的塑性区和环绕在该塑性区外部的弹性变形区。Johnson 所提出的理论模型极大地扩展了对于压痕底部材料变形演化机理的理解，并且该模型能够给出材料硬度和屈服应力之间关系非常准确的预测结果。然而，Johnson 的研究是基于理想塑性材料的，未考虑到材料的应变硬化效应，因此不适合带有明显应变硬化现象的材料。针对这一问题，Gao 针对线性硬化和幂指数应变硬化材料，提出了两种新的孔洞模型及其理论公式，从而使对压痕问题孔洞模型的理论研究得到进一步发展。

　　Kim 等人的研究发现，当塑性约束因子取值为 3.0 时，对于屈服应变较高的材料，塑性约束效应在低应变区域过低而导致所预测表征应力低于材料单轴拉伸的流动应力。基于 Johnson 和 Gao 所提出的理论模型及相关表达式，Kim 等人将压头上接触压力与材料的流动应力相关联，提出了一组修正公式，用于评估这种具有高屈服应变材料的单向拉伸流动应力。

　　国内学者张泰华等人通过在 Johnson 孔洞模型中引入材料的凸起凹陷效应，提出了一种新方法用于识别材料的塑性力学性能参数。Kang 等人在 Johnson 的研究基础上引入比例因子，来考虑静水压力区在压痕加载过程中的强化效应，并使其与塑性约束因子相关联，提出了能够很好地描述应变硬化材料流动应力的扩展孔洞模型及相关表达式。

　　然而，对于实际的弹塑性压痕问题，材料变形过程中涉及复杂的几何非线性、接触非线性以及材料力学性能非线性等问题。因此很难仅通过塑性变形理论的计算给出材料压痕响应完整而准确的预测结果，如对卸载残留压痕轮廓的预测等。计算机及有限元技术的快速发展为这一问题的解决提供了有效途径，并促使诸多学者开始采用数值方法来解决弹塑性材料力学性能的压痕测试问题。Taljat 等人采用有限元数值模拟方法分析了球形压痕过程。对于在一定塑性性能范围内的材料，他们系统地分析了压痕响应参数与材料真实应力-应变曲线之间的关系。基于 Tabor 定义的公式及一系列连续加载和卸载球形压痕曲线，可以计算出材料的表征应力和应变点。Taljat 等人还对不同压痕直径测量值及其对表征应力应变点计算结果的影响进行了分析和讨论。后来，Dao 等人通过定义一种新的表征应变,使得所建立的无量纲函数独立于应变硬化指数,并系统地建立起了材料压痕响应量与弹塑性力学性能参数之间的无量纲函数关系式,以及相应的正反向分析方法。其中,正向分析方法通过有限元回归分析,关联材料力学性能与压痕响应量。反向分析算法通过给定的压痕响应实验参数,反向求解被测试材料的力学性能参数。此外,Dao 模型能够在单次锥形压痕实验条件下反推出被测试材料的弹塑性力学性能。

Lee 等人通过深入分析球形压痕作用下材料的应变场分布,提出一种获取表征应变的数值方法。通过寻找压痕底部的最优数据获取位置,使在该位置提取的表征应变分布梯度最为平缓且受到摩擦的影响最小。该应变获取位置为距离压痕底部 $0.2R$ 且距离压痕中心 $0.8R$ 处。其中,R 表示压头半径。结合所提出的新的数据获取位置及大量有限元计算,Lee 等人建立了一套依据球形压痕加载、卸载载荷-位移曲线反向求解材料弹塑性力学性能参数的方法。通过数值实例证实,该方法所识别材料弹塑性力学性能参数的误差在 5% 以内。

综上所述,针对采用压痕法获取材料的弹塑性力学性能参数这一问题,当前诸多学者建立了各种各样的方法。在这些现有方法中,均将压痕的载荷-位移关系曲线选取为有效的材料响应量,并未考虑到卸载后残留在试件表面的整个压痕轮廓对于材料参数识别的重要性。还有一些学者也仅是将压痕卸载残留轮廓形貌的凸起值作为载荷-位移曲线的补充信息,用于材料性能参数的识别中。在弹塑性材料的压痕问题中,卸载残留压痕轮廓同样包含着重要的实验信息,且相比于压痕载荷 位移关系曲线更容易通过实验获得。

1.2.3　正交塑性异性参数的识别

采用压痕法来获取金属材料各向异性性能的研究最早可以追溯到 Vlassak 和 Nix 针对单晶体弹性各向异性材料所开展的研究工作。Vlassak 和 Nix 的研究发现,压痕作用下的多轴应力场会"平均化"单晶体材料的弹性各向异性压痕响应,从而减弱采用压痕测试方法得到的材料弹性各向异性的敏感性。Bocciarelli 等人通过加权锥形压痕载荷-位移曲线和卸载残留压痕形貌,并结合有限元仿真和信赖域优化算法,对服从 Hill48 屈服准则的材料各向异性参数进行了校准。Nakamura 和 Gu 针对薄膜涂层材料,采用球形和三棱锥两种不同形状的压头,并结合卡尔曼滤波算法进行了材料弹塑性各向异性性能参数提取研究。研究中发现,锥形和球形压头的载荷-位移曲线随着材料弹性异性比值的增加表现出相反的变化趋势。国内学者 Wang 等人采用纳米压痕和有限元分析,研究了具有厚向异性性能的薄膜材料弹性参数识别问题。他们在正向分析中采用有限元仿真来预测材料的压痕力学响应。在考虑基底效应的条件下,采用数值分析给出在适中穿透深度与薄膜深度比值下材料的力学响应,并结合无量纲函数建立了最大压痕力、加载曲线指数以及薄膜/基底弹性参数之间的关系。通过应用于 ZnO 薄膜材料,Wang 等人验证了他们所建立的各向异性弹性参数识别方法的有效性。学者 Yonezu 等人在只考虑材料面内轧制和横纹两个异性方向的情况下展开研究,将原本由 Dao 针对各向同性材料锥形压痕定义的表征应变引入到各向异性材料球形压痕中。通过量纲分析,建立起两个不同深度下压痕加载力与材料塑性异性参数之间的关系,并使得无量纲函数独立于应变硬化指数。同时,通过卸载残留压痕在横纹和纵纹上的凸起量比值建立起第 3 个无量纲函数。通过联合求解 3 个无量纲函数,Yonezu 等人成功地反推出材料的塑性各向异性性能参数。

相比于对各向同性材料压痕问题所开展的研究,国内外学者对于采用压痕测试方法来获取材料正交各向异性性能参数的研究相对较少。当前,对于正交塑性异性材料在压痕作用下的变形响应特征及其与材料塑性异性参数之间依赖性关系的研究尚有不足。同时,对参数识别过程中压痕响应与材料塑性异性参数之间对应关系的唯一性等问题尚未进行清楚揭示。与各向同性材料相比,各向异性材料在变形过程中涉及更为复杂的本构模型和相应的压痕响应特征,使得采用压痕法来识别材料的各向异性性能参数更具有挑战性。

第2章
材料各向异性指数的确定

预测各向异性材料的屈服行为,描述它们的塑性流动行为,一直是板料成形领域研究的热点。各向异性屈服准则及其系数是对材料屈服状态和塑性行为的数学表达,它们是塑性成形有限元模拟的关键。本章首先介绍 Hill48,Yld91,Yld2004 各向异性屈服准则,以及优化后两个屈服准则的各向异性系数计算方法。由于现行的 ABAQUS 软件没有嵌入 Yld91、Yld2004 屈服准则,因此本章将构造高级屈服准则(Yld91,Yld2004)本构模型,用 Fortran 语言开发相应的 UMAT 子程序,为后面将高级各向异性屈服准则本构模型嵌入 ABAQUS 软件,进行有限元模拟分析奠定基础。有限元数值分析是开展科学研究和解决工程实际问题的有效手段,在科学研究和工程应用领域发挥着重要作用。ABAQUS 是现阶段应用最广泛的大型有限元分析软件之一,它具有强大的非线性分析、综合分析运算功能,稳定的分析过程,丰富的单元类型以及良好的开放性平台。它强大、友好、灵活的二次开发接口,允许使用者自定义材料特性、本构关系、接触条件、边界和载荷条件等,极大地丰富了 ABAQUS 的功能,拓宽了它的应用范围。本章将介绍 UMAT 子程序在 ABAQUS 软件中运行环境的设置方法,同时建立球形压痕有限元模型,将 UMAT 子程序应用到球形压痕有限元仿真。

过去,基于有限元分析的球形压痕各向异性研究使用的仅是简单的各向异性屈服准则(Hill48)。众所周知,Hill48 屈服准则形式简单,对屈服面描述粗略,不涉及材料的晶体学理论,所以用 Hill48 屈服准则的球形压痕识别材料性能研究必然存在局限性,许多新规律、新方法、新特征不能被发现。

将高级各向异性屈服准则本构模型应用到球形压痕有限元分析,采用有效的分析方法识别塑性各向异性成为迫切需要研究的热点和重点。本章针对板材,首次将高级的 Yld91,Yld2004 屈服准则本构模型应用到球形压痕有限元分析,用改进的各向异性识别方法确定理想识别点位置,确定识别的应力-应变关系,评估不同屈服准则对球形压痕识别各向异性的敏感性和适应性。

|2.1 材料的各向异性|

2.1.1 各向异性屈服准则及各向异性系数

各向异性屈服准则是描述各向异性材料力学行为的理论,是判别屈服状态、描述塑性流动的数学表达式,是构建材料本构模型的前提条件,而各向异性系数是各向异性屈服准则的属性,是对各向异性的量化表达。

在这里主要介绍三种常用的各向异性屈服准则——Hill48,Yld91,Yld2004,它们都适用于通用应力状态。1948 年,Hill 首次将各向异性系数引入到屈服准则,提出了著名的 Hill48 各向异性屈服准则。它创新性地描述了材料在三个正交对称面(x-y,x-z,y-z)上的各向异性,用如下二次函数表示:

$$\Phi = F(\sigma_{yy} - \sigma_{zz})^2 + G(\sigma_{zz} - \sigma_{xx})^2 + H(\sigma_{xx} - \sigma_{yy})^2 + 2L\sigma_{yz}^2 + \quad (2-1)$$
$$2M\sigma_{zx}^2 + 2N\sigma_{xy}^2 = \sigma 17^{-2}$$

其中,F,G,H,L,M,N 是各向异性系数;$\bar{\sigma}$ 是等效应力;x,y,z 是应力主轴,与各向异性主轴重合,通常情况下,x 轴等同为纵向,y 轴等同为横向,z 轴等同为法向(垂直于 x-y 平面)。Hill48 屈服准则的六个各向异性系数 F,G,H,L,M,N 分别定义如下:

$$\left. \begin{array}{ll} F = \dfrac{1}{2}\left(\dfrac{1}{R_{yy}^2} + \dfrac{1}{R_{zz}^2} - \dfrac{1}{R_{xx}^2} \right); & L = \dfrac{1}{2R_{yz}^2} \\[3mm] G = \dfrac{1}{2}\left(\dfrac{1}{R_{zz}^2} + \dfrac{1}{R_{xx}^2} - \dfrac{1}{R_{yy}^2} \right); & M = \dfrac{1}{2R_{zx}^2} \\[3mm] H = \dfrac{1}{2}\left(\dfrac{1}{R_{xx}^2} + \dfrac{1}{R_{yy}^2} - \dfrac{1}{R_{zz}^2} \right); & L = \dfrac{1}{2R_{xy}^2} \end{array} \right\} \qquad (2-2)$$

其中，R_{xx}，R_{yy}，R_{zz} 分别是各向异性主轴方向的屈服应力与参考方向的屈服应力（一般情况下取 x 方向为参考方向）之比；R_{yz}，R_{zx}，R_{xy} 分别是各向异性主轴方向的剪切屈服应力与参考屈服应力之比，它们的表达式如下：

$$R_{xx} = \frac{\sigma_{Yxx}}{\sigma_Y}; \quad R_{yy} = \frac{\sigma_{Yyy}}{\sigma_Y}; \quad R_{zz} = \frac{\sigma_{Yzz}}{\sigma_Y}; \quad R_{yz} = \frac{\sigma_{Yyz}}{\sigma_Y}; \quad R_{zx} = \frac{\sigma_{Yzx}}{\sigma_Y}; \quad R_{xy} = \frac{\sigma_{Yxy}}{\sigma_Y}$$

$$(2-3)$$

其中，σ_{Yxx}，σ_{Yyy}，σ_{Yzz} 是各向异性主轴 x，y，z 方向的屈服应力；σ_{Yyz}，σ_{Yzx}，σ_{Yxy} 是剪切屈服应力；σ_Y 是参考屈服应力。

针对板材情况（厚度远小于长度和宽度），一般假定 x 方向就是板材的轧制方向，y 方向就是垂直轧制方向的横纹方向，z 方向就是厚度方向。根据关联塑性流动法则，$x\text{-}y$ 平面内不同方向的厚向异性指数 r 可以用下式表达：

$$r_0 = \frac{H}{G}; \quad r_{90} = \frac{H}{F}; \quad r_{45} = \frac{N}{F+G} - \frac{1}{2} \qquad (2-4)$$

其中，r_0，r_{45}，r_{90} 分别是与轧制方向夹角为 $0°$，$45°$，$90°$ 方向的厚向异性指数。在这里正应力参考方向依然是 x 轴方向，剪切应力参考方向是 $x\text{-}y$ 面剪切方向。此处，由于板材厚度远小于长度和宽度，与厚度方向 z 向有关的系数 R_{yz} 和 R_{zx} 不能通过单向实验计算得到，因此 R_{yz}，R_{zx} 通常设定为各向同性值。R_{xx}，R_{yy}，R_{zz}，R_{yz}，R_{zx}，R_{xy} 可以表示为

$$R_{xx} = 1; \ R_{yy} = \sqrt{\frac{(r_0+1)r_{90}}{(r_{90}+1)r_0}}; \ R_{zz} = \sqrt{\frac{(r_0+1)r_{90}}{(r_{90}+1)r_0}};$$

$$R_{xy} = \sqrt{\frac{3(r_0+1)r_{90}}{(r_{90}+r_0)(2r_{45}+1)}}; \ R_{yz} = 1; \ R_{zx} = 1 \qquad (2-5)$$

当 $F = G = H = \dfrac{L}{3} = \dfrac{M}{3} = \dfrac{N}{3} = \dfrac{1}{2}$ 时，上述各向异性表达式可以退化到各向同性，即 Hill48 各向异性屈服准则等同于 Mises 各向同性屈服准则。

1991 年，Barlat 等人在 Hosford 各向同性屈服准则的基础上，结合晶体学理论，通过应力张量线性变换，提出了适用于通用应力状态的 Yld91 各向异性屈服准则，它是非二次屈服函数，用下式表达：

$$\Phi = |S_1 - S_2|^m + |S_2 - S_3|^m + |S_3 - S_1|^m = 2\bar{\sigma}^m \qquad (2-6)$$

其中,指数 m 与材料的晶体结构类型有关。对于 BCC(体心立方)材料,$m=6$;对于 FCC(面心立方)材料,$S_{i=1,2,3}$ 是应力张量矩阵 s 的主值。应力张量矩阵 s 表示如下:

$$s = \begin{bmatrix} s_{xx} & s_{xy} & s_{zx} \\ s_{xy} & s_{yy} & s_{yz} \\ s_{zx} & s_{yz} & s_{zz} \end{bmatrix} \qquad (2-7)$$

其中,应力分量分别如下:

$$\left. \begin{aligned} s_{xx} &= \frac{c(\sigma_{xx} - \sigma_{yy}) - b(\sigma_{zz} - \sigma_{xx})}{3} \\ s_{yy} &= \frac{a(\sigma_{yy} - \sigma_{zz}) - c(\sigma_{xx} - \sigma_{yy})}{3} \\ s_{zz} &= \frac{b(\sigma_{zz} - \sigma_{xx}) - a(\sigma_{yy} - \sigma_{zz})}{3} \\ s_{xy} &= h\sigma_{xy} \\ s_{zx} &= h\sigma_{zx} \\ s_{yz} &= h\sigma_{yz} \end{aligned} \right\} \qquad (2-8)$$

式(2-8)中的 a, b, c, f, g, h 就是 Yld91 屈服准则的六个各向异性系数。由式(2-7)可以得到主值:

$$S_1 = 2\sqrt{I_2}\cos\left(\frac{\theta}{3}\right); \quad S_2 = 2\sqrt{I_2}\cos\left(\frac{\theta}{3} - \frac{2\pi}{3}\right); \quad S_3 = 2\sqrt{I_2}\cos\left(\frac{\theta}{3} + \frac{2\pi}{3}\right) \qquad (2-9)$$

其中,参数 θ 为

$$\theta = \arccos\left(\frac{I_3}{I_2^{3/2}}\right) \qquad (2-10)$$

I_2 和 I_3 为应力张量 s 的第二、第三不变量,用下式表达:

$$I_2 = \frac{s_{xx}^2 + s_{yy}^2 + s_{zz}^2 + 2(s_{yz}^2 + s_{zx}^2 + s_{xy}^2)}{6} \qquad (2-11a)$$

$$I_3 = \frac{s_{xx} + s_{yy} + s_{zz} + 2s_{yz} + s_{zx} + s_{xy} - (s_{xx}s_{yz}^2 + s_{yy}s_{zx}^2 + s_{zz}s_{xy}^2)}{6} \qquad (2-11b)$$

结合式(2-6),定义屈服条件如下:

$$u = \left(\frac{\Phi}{2}\right)^{1/m} - \sigma_Y \qquad (2-12)$$

当 $a=b=c=f=g=h=1$,且 $m=2$(或 4)时,各向异性情况可以退化到各向同性情况,即 Yld91 各向异性屈服准则等同于 Mises 各向同性屈服准则。

此后，为弥补 Yld91 屈服准则的不足，Barlat 等人又提出了更高级的屈服准则——Yld2004 屈服准则，该准则给应力张量 s 又加了两个线性变换，这两个线性变换共包含有 18 个各向异性系数。该屈服准则如下：

$$\Phi=\Phi(S'_i,S''_j)=\sum_{i,j}^{1,3}\mid S'_i-S''_j\mid^m=4\bar\sigma^m \qquad (2-13)$$

其中，指数 m 与 Yld91 屈服准则的 m 意义相同；S'_i，S''_j 是与应力偏张量 $\tilde{s}'$，$\tilde{s}''$ 有关的主值。$\tilde{s}'$，$\tilde{s}''$ 由应力张量 s 通过线性变换得到，具体如下：

$$\tilde{s}'=C's=C'T\sigma=L'\sigma \qquad (2-14a)$$

$$\tilde{s}''=C's=C''T\sigma=L''\sigma \qquad (2-14b)$$

其中，C' 和 C'' 是应力张量线性变换矩阵，具体如下：

$$C'=\begin{bmatrix} 0 & -c_1 & -c_2 & 0 & 0 & 0 \\ -c_3 & 0 & -c_4 & 0 & 0 & 0 \\ -c_5 & -c_6 & 0 & 0 & 0 & 0 \\ 0 & 0 & 0 & c_9 & 0 & 0 \\ 0 & 0 & 0 & 0 & c_8 & 0 \\ 0 & 0 & 0 & 0 & 0 & c_7 \end{bmatrix}; \quad C'=\begin{bmatrix} 0 & -c_{10} & -c_{11} & 0 & 0 & 0 \\ -c_{12} & 0 & -c_{13} & 0 & 0 & 0 \\ -c_{14} & -c_{15} & 0 & 0 & 0 & 0 \\ 0 & 0 & 0 & c_{18} & 0 & 0 \\ 0 & 0 & 0 & 0 & c_{17} & 0 \\ 0 & 0 & 0 & 0 & 0 & c_{16} \end{bmatrix}$$

$$(2-15)$$

T 也是线性变换，如下式：

$$T=\frac{1}{3}\begin{bmatrix} 2 & -1 & -1 & 0 & 0 & 0 \\ -1 & 2 & -1 & 0 & 0 & 0 \\ -1 & -1 & 2 & 0 & 0 & 0 \\ 0 & 0 & 0 & 3 & 0 & 0 \\ 0 & 0 & 0 & 0 & 3 & 0 \\ 0 & 0 & 0 & 0 & 0 & 3 \end{bmatrix} \qquad (2-16)$$

$\tilde{I}'_1$，$\tilde{I}'_2$，$\tilde{I}'_3$，$\tilde{I}''_1$，$\tilde{I}''_2$，$\tilde{I}''_3$ 分别是应力偏张量 $\tilde{s}'$，$\tilde{s}''$ 的第一、第二、第三不变量，根据式(2-14)可得

$$\left.\begin{array}{l} \tilde{I}'_1=\dfrac{\tilde{s}'_{xx}+\tilde{s}'_{yy}+\tilde{s}'_{zz}}{3} \\[3mm] \tilde{I}'_2=\dfrac{\tilde{s}'^2_{yz}+\tilde{s}'^2_{zx}+\tilde{s}'^2_{xy}-\tilde{s}'_{yy}\tilde{s}'_{zz}-\tilde{s}'_{zz}\tilde{s}'_{xx}-\tilde{s}'_{xx}\tilde{s}'_{yy}}{3} \\[3mm] \tilde{I}'_3=\dfrac{\tilde{s}'_{xx}\tilde{s}'_{yy}\tilde{s}'_{zz}+2\tilde{s}'_{yz}\tilde{s}'_{zx}\tilde{s}'_{xy}-(\tilde{s}'_{xx}-\tilde{s}'^2_{yz}+\tilde{s}'_{yy}\tilde{s}'^2_{zx}+\tilde{s}'_{zz}\tilde{s}'^2_{xy})}{2} \end{array}\right\}$$

$$(2-17a)$$

$$\tilde{I}'_1 = \frac{\tilde{s}''_{xx} + \tilde{s}''_{yy} + \tilde{s}''_{zz}}{3}$$

$$\tilde{I}''_2 = \frac{\tilde{s}''^2_{yz} + \tilde{s}''^2_{zx} + \tilde{s}''^2_{xy} - \tilde{s}''_{yy}\tilde{s}''_{zz} - \tilde{s}''_{zz}\tilde{s}''_{xx} - \tilde{s}''_{xx}\tilde{s}''_{yy}}{3}$$

$$\tilde{I}''_3 = \frac{\tilde{s}''_{xx}\tilde{s}''_{yy}\tilde{s}''_{zz} + 2\tilde{s}''_{yz}\tilde{s}''_{zx}\tilde{s}''_{xy} - (\tilde{s}''_{xx}\tilde{s}''^2_{yz} + \tilde{s}''_{yy}\tilde{s}''^2_{zx} + \tilde{s}''_{zz}\tilde{s}''^2_{xy})}{2}$$

$$(2-17\text{b})$$

当 $C' = C''$ 时，Yld2004 屈服准则等同于 Yld91 屈服准则；当 18 个各向异性系数 $c_{i=1\sim18}$ 全部为 1，$m=2$（或 4）时，它也可以退化到 Mises 屈服准则。

2.1.2　优化的各向异性系数计算方法

由式（2-2）～式（2-5）可知，Hill48 屈服准则各向异性系数 F,G,H,L,M,N 的计算简捷、直接，可以很方便地将实验测量值代入，计算得到准确值。

对于 Yld91 和 Yld2004 屈服准则的各向异性系数，由于屈服函数是非二次函数，由各向异性系数不能直接计算得到准确值，只能通过牛顿-拉普森（Newton-Raphson）迭代的方式求出近似解。Barlat 等人研究认为：对于板材，由于厚度远小于长度和宽度，所以与厚度方向（法向 z）有关的两个剪切屈服应力 σ_{Yyz}，σ_{Yzx} 不能由实验方法得到。因而，Yld91 屈服准则的各向异性系数 f,g 通常按照各向同性的情况处理，即取值为 1。对于其他四个系数（a,b,c,h），它们的计算方法是：当 σ_{Y0}，σ_{Y45}，σ_{Y90}，σ_{Yb} 可以由实验得到时，首先，将 σ_{Y0}，σ_{Y90}，σ_{Yb} 代入式（2-12），得到 3 个非线性方程 $u(\sigma_{Y0})$，$u(\sigma_{Y90})$，$u(\sigma_{Y45})$，构成一个非线性方程组 U，系数 a,b,c 组成向量 C，Jacobian 矩阵可以由 U 对 C 求偏导得到，取系数向量的初始值为 $C^{(0)} = [1,1,1]$，通过完成若干次牛顿-拉普森（Newton-Raphson）迭代，就可以得到允许误差（tolerance）范围内的 a,b,c 近似值；然后将 σ_{Y45} 代入式（2-12）得到 $u(\sigma_{Y45})$，再完成类似的迭代，就能求得剩余的参数 h，计算方法如图 2-1（a）所示。

但是，若 Jacobian 矩阵是奇异的，求逆运算不能继续进行，迭代增量步 ΔC 不能被确定，迭代过程中断，并且确定迭代增量步 ΔC 耗时多。同时，迭代过程对系数的初始值敏感性较强，如果初始值偏离近似方案较大，迭代过程可能不收敛。

为了改进各向异性系数求解方法，我们首先对 Yld91 屈服准则的各向异性系数作如下简化：由 0°方向（x 轴）的单向拉伸，可以得到 σ_{Y0}。应力分量如下：

$$\sigma = [\sigma_{Y0} \ 0 \ 0 \ 0 \ 0 \ 0] \qquad (2-18)$$

将式（2-18）代入式（2-8），可以得到应力张量 s 的分量为

$$s_{xx} = \frac{b+c}{3}\sigma_{Y0} \qquad (2-19a)$$

$$s_{yy} = -\frac{c}{3}\sigma_{Y0} \qquad (2-19b)$$

$$s_{zz} = -\frac{b}{3}\sigma_{Y0} \qquad (2-19c)$$

此时,应力张量 s 为

$$s = \begin{bmatrix} s_{xx} & & \\ & s_{yy} & \\ & & s_{zz} \end{bmatrix} \qquad (2-20)$$

应力张量 s 的特征值为

$$\left.\begin{array}{l} S_1 = s_{xx} \\ S_2 = s_{yy} \\ S_3 = s_{zz} \end{array}\right\} \qquad (2-21)$$

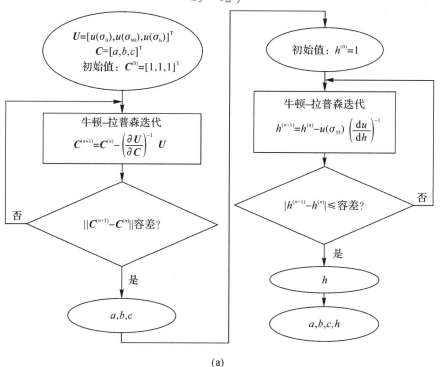

(a)

图 2-1　两种各向异性系数计算方法

（a）牛顿-拉普森迭代法；

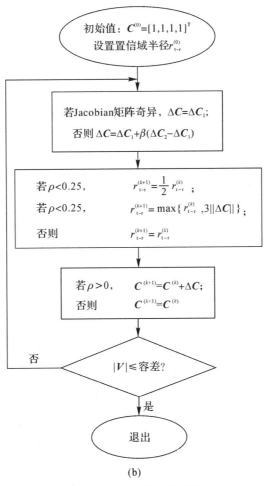

(b)

续图 2-1 两种各向异性系数计算方法

(b)改进的基于置信域的非线性最小二乘法

将式(2-19)～式(2-21)代入式(2-6),可得如下等式:

$$v_1 = |b-c|^m + |2b+c|^m + |b+2c|^m - 2\left(\frac{3\sigma_Y}{\sigma_{Y0}}\right)^m = 0 \quad (2-22\text{a})$$

与上述过程类似,由 90°方向(y 轴)单向拉伸,可得如下等式:

$$v_2 = |c+2a|^m + |c-a|^m + |a+2c|^m - 2\left(\frac{3\sigma_Y}{\sigma_{Y90}}\right)^m = 0 \quad (2-22\text{b})$$

对于双向等拉,可得

$$v_3 = |b+2a|^m + |a+2b|^m + |a-b|^m - 2\left(\frac{3\sigma_Y}{\sigma_b}\right)^m = 0 \quad (2-22\text{c})$$

对于 45°方向单向拉伸,它可以等同为平面应力状态,由应力平衡方程可知,此时应力分量如下:

$$\boldsymbol{\sigma} = \left[\sigma_{Y45}/2, \ \sigma_{Y45}/2, \ 0, \ \sigma_{Y45}/2, \ 0, \ 0 \right] \tag{2-23}$$

将式(2-23)代入式(2-8),应力张量 $\boldsymbol{s}$ 的分量为

$$s_{xx} = \frac{b}{6} \sigma_{Y45} \tag{2-24a}$$

$$s_{yy} = \frac{a}{b} \sigma_{Y45} \tag{2-24b}$$

$$s_{zz} = -\frac{a+b}{6} \sigma_{Y45} \tag{2-24c}$$

$$s_{xy} = \frac{h}{2} \sigma_{Y45} \tag{2-24d}$$

此时,应力张量 $\boldsymbol{s}$ 如下:

$$\boldsymbol{s} = \begin{bmatrix} s_{xx} & s_{xy} & \\ s_{xy} & s_{yy} & \\ & & s_{zz} \end{bmatrix} \tag{2-25}$$

应力张量 $\boldsymbol{s}$ 的特征值为

$$S_1 = \left[\frac{a+b}{12} + \sqrt{\left(\frac{a-b}{12}\right)^2 + \left(\frac{h}{2}\right)^2} \right] \sigma_{Y45} \tag{2-26a}$$

$$S_2 = \left[\frac{a+b}{12} - \sqrt{\left(\frac{a-b}{12}\right)^2 + \left(\frac{h}{2}\right)^2} \right] \sigma_{Y45} \tag{2-26b}$$

$$S_3 = -\frac{a+b}{6} \sigma_{Y45} \tag{2-26c}$$

将式(2-26)代入式(2-6),也可以推导得到如下等式:

$$v_4 = \left[2\sqrt{\left(\frac{a-b}{12}\right)^2 + \left(\frac{h}{2}\right)^2} \right]^m + \left| \frac{a+b}{4} - \sqrt{\left(\frac{a-b}{12}\right)^2 + \left(\frac{h}{2}\right)^2} \right|^m +$$

$$\left| \frac{a+b}{4} + \sqrt{\left(\frac{a-b}{12}\right)^2 + \left(\frac{h}{2}\right)^2} \right|^m - 2\left(\frac{\sigma_Y}{\sigma_{Y45}}\right)^m = 0$$

$$\tag{2-26d}$$

结合式(2-22a)~式(2-22d),定义向量 $\boldsymbol{V}$,有

$$\boldsymbol{V} = \begin{bmatrix} v_1 & v_2 & v_3 & v_4 \end{bmatrix}^{\mathrm{T}} \tag{2-27}$$

在这里引入一种新算法,即基于置信域的非线性最小二乘算法。它的主要优点是:当 Jacobian 矩阵奇异时,迭代计算仍能完成;近似解对初始值的敏感性弱;收敛快且稳定。结合式(2-18)~式(2-26),非线性最小二乘问题可以表示如下:

$$y = \frac{1}{2} \|\boldsymbol{V}\|^2 = \frac{1}{2} \boldsymbol{V}^{\mathrm{T}} \boldsymbol{V} \tag{2-28}$$

迭代增量步 ΔC 的定义如下：

$$\Delta C = \Delta C_1 + \beta(\Delta C_2 - \Delta C_1) \qquad (2-29)$$

其中

$$C = [a,b,c,h]^T \qquad (2-30a)$$

$$\Delta C_1 = -\alpha\left(\frac{\partial V}{\partial C}\right)^T V = \alpha J^T V = -\alpha A \qquad (2-30b)$$

$$J\Delta C_2 = -V \qquad (2-30c)$$

$$a = \frac{\|A\|^2}{\|JA\|^2} \qquad (2-30d)$$

$$\beta \in [0,1] \ \text{满足} \ \|\Delta C\| \leqslant r_{t-r} \quad （置信域半径） \qquad (2-30e)$$

若 J 是奇异的，$\Delta C = \Delta C_1$。迭代增益比定义如下：

$$\rho = \frac{y[C^{(k)} + \Delta C] - y[C^{(k)}]}{w(\Delta C) - w(0)} \qquad (2-30f)$$

其中，w 是在 $C^{(k)}$ 处对 $y[C^{(k)} + \Delta C]$ 的二阶泰勒近似，由此可以推导得到

$$y[C^{(k)} + \Delta C] \approx w(\Delta C) = y[C^{(k)}] + \Delta C^T J^T V + \frac{1}{2}\Delta C^T J^T J \Delta C \quad (2-30g)$$

图 2-1(b) 展示了基于置信域的非线性最小二乘法。为了体现改进的计算方法优点，有必要根据实验测量值，分别用两种方法计算 Yld91 屈服准则的各向异性系数，然后进行对比。分别完成铝合金 Al6111-T4 板材 $x-y$ 平面内各个方向的单向拉伸实验，将得到的应力-应变曲线用 Hollomon 法则拟合，可得到对应方向的性能参数（见表 2-1）。

表 2-1　Al6111-T4 不同方向性能参数

方　　向	0°	15°	30°	45°	60°	75°	90°
σ_Y/MPa	194.1	189.6	182.2	177.9	176.5	175	173.4
r	0.894	0.885	0.743	0.611	0.611	0.627	0.660
K/MPa	550.4	547.9	544.6	534.5	531.5	532.6	533.5
n	0.223	0.222	0.224	0.224	0.225	0.227	0.231

由于实验设备限制，等双拉应力 σ_b 和等双拉厚向异性指数 r_b 很难由实验测得，所以 σ_b 用 0° 和 90° 的平均值估算（$\sigma_b = 184$MPa），r_b 由 Barlat 的方法计算（$r_b = 1.225$）。分别编写两种方法的程序，将测得的实验参数代入程序，可得到计算结果（见表 2-2）。

表 2 - 2   两种方法程序计算结果对比

方 法	a	b	c	f	g	h	t/s
牛顿-拉普森	1.109 227 447 96	0.880 709 758 76	1.013 670 990 90	1	1	1.047 408 054 48	8 686.446
最小二乘法	1.109 227 447 96	0.880 709 758 76	1.013 670 990 90	1	1	1.047 408 053 89	0.400 146

由表 2 - 2 可以看出,基于置信域的非线性最小二乘法比牛顿-拉普森迭代法更有效率、更强健,在计算方程中稳定性好,因为在二维子空间受约束的置信域里,每一步迭代从几何上是可调节的向量,它不受 Jacobian 矩阵的制约,不会因此中断。但是不可否认,当迭代步太小时,增益比太小,计算效率会与牛顿-拉普森方法无异。

对于 Yld2004 屈服准则的 18 个各向异性系数,我们作如下简化:在平面 $(x-y)$ 应力状态下,由应力平衡方程,得应力分量如下:

$$\boldsymbol{\sigma} = [\sigma_{Y\varphi} \cos^2\varphi \quad \sigma_{Y\varphi}\sin^2\varphi \quad 0 \quad \sigma_{Y\varphi}\sin\varphi\cos\varphi \quad 0 \quad 0] \qquad (2-31)$$

其中,$\sigma_{Y\varphi}$ 是与 x 轴成夹角 φ 方向的单向屈服应力。将式(2 - 31)代入式(2 - 14),可得应力偏量 s 为

$$s = \sigma_\varphi [(\cos^2\varphi - 1/3) \quad (\sin^2\varphi - 1/3) \quad \sin\varphi\cos\varphi \quad 0 \quad 0]^T = \sigma_\varphi s_\varphi \qquad (2-32)$$

平面应力状态下的主值 S'_i 和 S''_j 分别如下:

$$S'_1 = \frac{(\tilde{s}'_{xx} + \tilde{s}'_{yy}) + \sqrt{(\tilde{s}'_{xx} - \tilde{s}'_{yy})^2 + 4\tilde{s}'^2_{xy}}}{2} \qquad (2-33a)$$

$$S'_2 = \frac{(\tilde{s}'_{xx} + \tilde{s}'_{yy}) + \sqrt{(\tilde{s}'_{xx} - \tilde{s}'_{yy})^2 + 4\tilde{s}'^2_{xy}}}{2} \qquad (2-33b)$$

$$S'_3 = \tilde{s}'_{zz} \qquad (2-33c)$$

和

$$S''_1 = \frac{(\tilde{s}''_{xx} + \tilde{s}''_{yy}) + \sqrt{(\tilde{s}''_{xx} - \tilde{s}''_{yy})^2 + 4\tilde{s}''^2_{xy}}}{2} \qquad (2-34a)$$

$$S''_2 = \frac{(\tilde{s}''_{xx} + \tilde{s}''_{yy}) + \sqrt{(\tilde{s}''_{xx} - \tilde{s}''_{yy})^2 + 4\tilde{s}''^2_{xy}}}{2} \qquad (2-34b)$$

$$S''_3 = \tilde{s}''_{zz} \qquad (2-34c)$$

结合式(2 - 13)、式(2 - 14)和式(2 - 32),可得

$$g_{\sigma_{Y\varphi}} = \left[\frac{\Phi(s_\varphi)}{4}\right]^{1/m} - \frac{\sigma_Y}{\sigma_{Y\varphi}} = 0 \qquad (2-35)$$

根据关联塑性流动法则和 Lankford 厚向异性指数 r 的定义,可得

$$g_{r_\varphi} = \frac{\dfrac{\sigma_{Y\varphi}}{\sigma_Y}\dfrac{\partial\Phi}{\partial s_{xx}}\Big|_{s_\varphi}}{4m} + \frac{1}{1+r_\varphi} = 0 \qquad (2-36)$$

Barlat 等人将平面外的情况按如下方式处理:

$$\boldsymbol{s} = \sigma_{Yzx}\begin{bmatrix} \dfrac{1}{6} & -\dfrac{1}{3} & \dfrac{1}{6} & 0 & \dfrac{1}{2} & 0 \end{bmatrix}^T = \sigma_{Yzx}s_{\sigma_{Yzx}}, \quad \text{针对 } x-z \text{ 面 } 45°\text{方向}$$

$$(2-37a)$$

$$\boldsymbol{s} = \sigma_{Yyz}\begin{bmatrix} -\dfrac{1}{3} & \dfrac{1}{6} & \dfrac{1}{6} & 0 & 0 & \dfrac{1}{2} \end{bmatrix}^T = \sigma_{Yyz}s_{\sigma_{Yyz}}, \quad \text{针对 } y-z \text{ 面 } 45°\text{方向}$$

$$(2-37b)$$

其中,与 z 轴有关的剪切屈服应力 σ_{Yzx},σ_{Yxy},按照 Mises 准则取为参考屈服应力 σ_Y 的 $\sqrt{3}$ 倍。结合式(2-13)、式(2-14)和式(2-32),可得如下等式:

$$g_{\sigma_{Yzx}} = \left[\frac{\Phi(s_{\sigma_{Yzx}})}{4}\right]^{1/m} - \frac{\sigma_Y}{\sigma_{Yzx}} = \left[\frac{\Phi(s_{\sigma_{Yzx}})}{4}\right]^{1/m} - 1 = 0 \qquad (2-38a)$$

$$g_{\sigma_{Yyz}} = \left[\frac{\Phi(s_{\sigma_{Yyz}})}{4}\right]^{1/m} - \frac{\sigma_Y}{\sigma_{Yyz}} = \left[\frac{\Phi(s_{\sigma_{Yyz}})}{4}\right]^{1/m} - 1 = 0 \qquad (2-38b)$$

对于等向双拉的情况,与前面的分析类似,可得到下式:

$$\boldsymbol{s}_b = \sigma_{Yb}\begin{bmatrix} -\dfrac{1}{3} & -\dfrac{1}{3} & \dfrac{2}{3} & 0 & 0 & 0 \end{bmatrix}^T = \sigma_{Yb}s_{Yb} \qquad (2-39a)$$

$$r_b = \frac{\partial\Phi/\partial s_{yy}}{\partial\Phi/\partial s_{xx}} \qquad (2-39b)$$

结合式(2-13)、式(2-14)和式(2-32),可以推导得到下式:

$$g_{\sigma_{Yb}} = \left(\frac{\Phi(s_b)}{4}\right)^{1/m} - \frac{\sigma_Y}{\sigma_{Yb}} = 0 \qquad (2-40a)$$

$$g_{r_b} = \frac{\partial\Phi/\partial s_{xx}}{\partial\Phi/\partial s_{yy}}\Big|_{s_b} - \frac{1}{r_b} = 0 \qquad (2-40b)$$

综合式(2-35)、式(2-36)、式(2-38)和式(2-40),可以定义向量 $\boldsymbol{G}$,有

$$\boldsymbol{G} = \begin{bmatrix} g_{\sigma_0} & g_{\sigma_{15}} & g_{\sigma_{30}} & g_{\sigma_{45}} & g_{\sigma_{60}} & g_{\sigma_{75}} & g_{\sigma_{90}} & g_{\sigma_{zx}} & g_{\sigma_{yz}} & g_{\sigma s} & g_{r0} & g_{r15} & g_{r30} & g_{r45} & g_{r60} & g_{r75} & g_{r90} & g_{rb} \end{bmatrix}^T$$

$$(2-41)$$

与 Yld91 屈服准则系数计算流程图 2-1(b)类似,结合等(2-31)～式(2-41),也可以计算得到 Yld2004 屈服准则的各向异性系数。使用表 2-1 中 Al6111-T4 合金的单向拉伸性能参数,编写相应的程序,可以计算得到 Yld2004 屈服准则 18 个各向异性系数(见表 2-3)。

表 2－3 Yld2004 屈服准则的各向异性系数

c_1	c_2	c_3	c_4	c_5	c_6
0.888 5	0.715 4	0.746 5	1.633 9	0.805 1	0.933 4
c_7	c_8	c_9	c_{10}	c_{11}	c_{12}
1.139 9	1.114 1	0.975 9	1.238 9	1.286 6	1.066 2
c_{13}	c_{14}	c_{15}	c_{16}	c_{17}	c_{18}
0.863 4	0.548 4	0.312 0	0.793 4	0.821 6	1.083 3

2.1.3 各向异性屈服准则本构模型

1. 主要变量的推导

构建弹-塑性本构模型的首要条件是确定屈服函数,及与屈服函数有关的变量。它们与硬化法则、加载-卸载法则、应力更新算法等是构建弹-塑性本构模型的必要条件。为了将 Yld91 屈服准则本构模型、Yld2004 屈服准则本构模型通过有限元二次开发——UMAT 子程序嵌入 ABAQUS 软件,屈服条件、屈服函数对应力分量 σ_{ij} 的一次导数、二次导数必不可少。它们在整个弹-塑性本构模型发挥着关键性的作用,是确定迭代步增量(例如应力增量、应变增量、塑性应变增量、切线模量等)、更新变量的重要环节。ABAQUS 是一款世界知名且功能非常强大的通用有限元分析软件。其计算力包含从比较简单的线性问题到复杂的非线性问题。而且,ABAQUS 软件为用户提供了非常个性化的功能,使用方便且得到了广泛应用。

对于 Yld91 屈服准则本构模型,结合式(2－6),可以得到等效应力 $\bar{\sigma}$ 的表达式为

$$\bar{\sigma} = \left(\frac{\Phi}{2}\right)^{1/m} \tag{2－42}$$

结合式(2－6)和式(2－42),等效应力 $\bar{\sigma}$ 对应力分量 σ_{ij} 的一阶导数 $\dfrac{\partial \bar{\sigma}}{\partial \sigma_{iJ}}$ 为

$$\frac{\partial \bar{\sigma}}{\partial \bar{\sigma}_{ij}} = \frac{1}{2m\bar{\sigma}^{m-1}} \frac{\partial \Phi}{\partial \sigma_{ij}} \tag{2－43}$$

其中

$$\frac{\partial \Phi}{\partial \sigma_{ij}} = \sum_{p1=1}^{3} \sum_{p2=2}^{3} \sum_{p3=1}^{3} \frac{\partial \Phi}{\partial S_{p1}} \frac{\partial S_{p1}}{\partial I_{p2}} \frac{\partial I_{p2}}{\partial s_{p3}} \frac{\partial s_{p3}}{\partial \sigma_{ij}} \tag{2－44}$$

式(2-44)是 Φ 对 σ_{ij} 的"链式求导",可结合式(2-6)~式(2-11)求得。等效应力 $\bar{\sigma}$ 对应力分量 σ_{ij} 的二阶导数 $\dfrac{\partial^2 \bar{\sigma}}{\partial \sigma_{ij} \partial \sigma_{kl}}$ 为

$$\frac{\partial^2 \bar{\sigma}}{\partial \sigma_{ij} \partial \sigma_{kl}} = \frac{1}{2m\bar{\sigma}^{m-1}} \left(\frac{\partial^2 \Phi}{\partial \sigma_{ij} \partial \sigma_{kl}} - \frac{m-1}{2m\bar{\sigma}^m} \frac{\partial \Phi}{\partial \sigma_{ij}} \cdot \frac{\partial \Phi}{\partial \sigma_{kl}} \right) \tag{2-45}$$

其中

$$\begin{aligned}
\frac{\partial^2 \Phi}{\partial \sigma_{ij} \partial \sigma_{kl}} &= \sum_{p1=1}^{3} \sum_{p2=2}^{3} \sum_{p3=1}^{6} \sum_{p4=1}^{3} \sum_{p5=2}^{3} \sum_{p6=1}^{3} \frac{\partial^2 \Phi}{\partial S_{p1} \partial S_{p4}} \frac{\partial S_{p1}}{\partial I_{p2}} \frac{\partial I_{p2}}{\partial s_{p3}} \frac{\partial s_{p3}}{\partial \sigma_{ij}} \frac{\partial S_{p4}}{\partial I_{p5}} \frac{\partial I_{p5}}{\partial s_{p6}} \frac{\partial s_{p6}}{\partial \sigma_{kl}} + \\
&\quad \sum_{p1=1}^{3} \sum_{p2=2}^{3} \sum_{p3=1}^{6} \sum_{p4=1}^{3} \sum_{p5=1}^{6} \frac{\partial \Phi}{\partial S_{p1}} \frac{\partial^2 S_{p1}}{\partial I_{p2} \partial I_{p4}} \frac{\partial I_{p2}}{\partial s_{p3}} \frac{\partial s_{p3}}{\partial \sigma_{ij}} \frac{\partial I_{p4}}{\partial s_{p5}} \frac{\partial s_{p5}}{\partial \sigma_{kl}} + \\
&\quad \sum_{p1=1}^{3} \sum_{p2=2}^{3} \sum_{p3=1}^{6} \sum_{p4=1}^{3} \frac{\partial \Phi}{\partial S_{p1}} \frac{\partial S_{p1}}{\partial I_{p2}} \frac{\partial^2 I_{p2}}{\partial s_{p3} \partial s_{p4}} \frac{\partial s_{p3}}{\partial \sigma_{ij}} \frac{\partial s_{p4}}{\partial \sigma_{kl}}
\end{aligned} \tag{2-46}$$

式(2-46)是 Φ 对 σ_{ij} 的二次"链式求导",由式(2-44)对 σ_{ij} 求导得到。

对于 Yld2004 屈服准则本构模型,结合式(2-13),可以得到等效应力 $\bar{\sigma}$ 的表达式为

$$\bar{\sigma} = \left(\frac{\Phi}{4} \right)^{1/m} \tag{2-47}$$

结合式(2-13)和式(2-47),等效应力 $\bar{\sigma}$ 对应力分量 σ_{ij} 的一阶导数 $\dfrac{\partial \bar{\sigma}}{\partial \sigma_{ij}}$ 为

$$\frac{\partial \bar{\sigma}}{\partial \sigma_{ij}} = \frac{1}{4m\bar{\sigma}^{m-1}} \frac{\partial \Phi}{\partial \sigma_{ij}} \tag{2-48}$$

其中

$$\frac{\partial \Phi}{\partial \sigma_{ij}} = \sum_{p1=1}^{3} \sum_{p2=1}^{3} \sum_{p3=1}^{3} \frac{\partial \Phi}{\partial S'_{p1}} \frac{\partial S'_{p1}}{\partial \tilde{I}'_{p2}} \frac{\partial \tilde{I}'_{p2}}{\partial \tilde{s}'_{p3}} \frac{\partial \tilde{s}'_{p3}}{\partial \sigma_{ij}} + \sum_{p1=1}^{3} \sum_{p2=1}^{3} \sum_{p3=1}^{3} \frac{\partial \Phi}{\partial S''_{p1}} \frac{\partial S''_{p1}}{\partial \tilde{I}''_{p2}} \frac{\partial \tilde{I}''_{p2}}{\partial \tilde{s}''_{p3}} \frac{\partial \tilde{s}''_{p3}}{\partial \sigma_{ij}} \tag{2-49}$$

等效应力 $\bar{\sigma}$ 对应力分量 σ_{ij} 的二阶导数 $\dfrac{\partial^2 \bar{\sigma}}{\partial \sigma_{ij} \partial \sigma_{kl}}$ 为

$$\frac{\partial^2 \bar{\sigma}}{\partial \sigma_{ij} \partial \sigma_{kl}} = \frac{1}{4m\bar{\sigma}^{m-1}} \left(\frac{\partial^2 \Phi}{\partial \sigma_{ij} \partial \sigma_{kl}} - \frac{m-1}{4m\bar{\sigma}^m} \frac{\partial \Phi}{\partial \sigma_{ij}} \cdot \frac{\partial \Phi}{\partial \sigma_{kl}} \right) \tag{2-50}$$

其中

$$\frac{\partial^2 \Phi}{\partial \sigma_{ij} \partial \sigma_{kl}} = \left(\frac{\partial^2 \Phi}{\partial \sigma_{ij} \partial \sigma_{kl}} \right)' + \left(\frac{\partial^2 \Phi}{\partial \sigma_{ij} \partial \sigma_{kl}} \right)'' \tag{2-51a}$$

$$\left(\frac{\partial^2 \Phi}{\partial \sigma_{ij} \partial \sigma_{kl}}\right)' = \sum_{p1=1}^{3}\sum_{p2=1}^{3}\sum_{p3=1}^{6}\sum_{p4=1}^{3}\sum_{p5=1}^{3}\sum_{p6=1}^{6} \frac{\partial^2 \Phi}{\partial S'_{p1}\partial S'_{p4}} \frac{\partial S'_{p1}}{\partial \tilde{I}'_{p2}} \frac{\partial \tilde{I}'_{p2}}{\partial \tilde{s}'_{p3}} \frac{\partial \tilde{s}'_{p3}}{\partial \sigma_{ij}} \frac{\partial S'_{p4}}{\partial \tilde{I}'_{p5}} \frac{\partial \tilde{I}'_{p5}}{\partial \tilde{\partial}'_{p6}} \frac{\partial \tilde{\partial}'_{p6}}{\partial \sigma_{kl}} +$$

$$\sum_{p1=1}^{3}\sum_{p2=1}^{3}\sum_{p3=1}^{6}\sum_{p4=1}^{3}\sum_{p5=1}^{6} \frac{\partial \Phi}{\partial S'_{p1}} \frac{\partial^2 S'_{p1}}{\partial \tilde{I}'_{p2}\partial \tilde{I}'_{p4}} \frac{\partial \tilde{I}'_{p2}}{\partial \tilde{\partial}_{p3}} \frac{\partial \tilde{\partial}'_{p3}}{\partial \sigma_{ij}} \frac{\partial I'_{p4}}{\partial \tilde{\partial}'_{p5}} \frac{\partial \tilde{\partial}'_{p5}}{\partial \sigma_{kl}} +$$

$$\sum_{p1=1}^{3}\sum_{p2=1}^{3}\sum_{p3=1}^{6}\sum_{p4=1}^{6} \frac{\partial \Phi}{\partial \widetilde{S'_{p1}}} \frac{\partial \widetilde{S'_{p1}}}{\partial \tilde{I}'_{p2}} \frac{\partial^2 \tilde{I}'_{p2}}{\partial \tilde{\partial}_{p3}\partial \tilde{\partial}_{p4}} \frac{\partial \tilde{\partial}'_{p3}}{\partial \sigma_{ij}} \frac{\partial \tilde{\partial}'_{p4}}{\partial \sigma_{kl}} +$$

$$\sum_{p1=1}^{3}\sum_{p2=1}^{3}\sum_{p3=1}^{6} \frac{\partial \Phi}{\partial \widetilde{S'_{p1}}} \frac{\partial \widetilde{S'_{p1}}}{\partial \tilde{I}'_{p2}} \frac{\partial \tilde{I}'_{p2}}{\partial \tilde{\partial}_{p3}} \frac{\partial \tilde{\partial}'^2_{p3}}{\partial \sigma_{ij}\partial \sigma_{kl}} +$$

$$\sum_{p1=1}^{3}\sum_{p2=1}^{3}\sum_{p3=1}^{6}\sum_{p4=1}^{3}\sum_{p5=1}^{3}\sum_{p6=1}^{6} \frac{\partial^2 \Phi}{\partial \widetilde{S'_{p1}}\partial \widetilde{S'_{p4}}} \frac{\partial \widetilde{S'_{p1}}}{\partial \tilde{I}''_{p2}} \frac{\partial \tilde{I}''_{p2}}{\partial \tilde{\partial}_{p3}} \frac{\partial \tilde{\partial}''_{p3}}{\partial \sigma_{ij}} \frac{\partial \widetilde{S'_{p1}}}{\partial \tilde{I}'_{p2}} \frac{\partial \tilde{I}'_{p2}}{\partial \tilde{\partial}'_{p3}} \frac{\partial \tilde{\partial}'_{p3}}{\partial \sigma_{ij}}$$

$$(2-51\text{b})$$

$$\left(\frac{\partial^2 \Phi}{\partial \sigma_{ij} \partial \sigma_{kl}}\right)'' = \sum_{p1=1}^{3}\sum_{p2=1}^{3}\sum_{p3=1}^{6}\sum_{p4=1}^{3}\sum_{p5=1}^{3}\sum_{p6=1}^{6} \frac{\partial^2 \Phi}{\partial S''_{p1}\partial S''_{p4}} \frac{\partial S''_{p1}}{\partial \tilde{I}''_{p2}} \frac{\partial \tilde{I}''_{p2}}{\partial \tilde{\partial}''_{p3}} \frac{\partial \tilde{\partial}''_{p3}}{\partial \sigma_{ij}} \frac{\partial S''_{p4}}{\partial \tilde{I}''_{p5}} \frac{\partial \tilde{I}''_{p5}}{\partial \tilde{\partial}_{p6}} \frac{\partial \tilde{\partial}''_{p6}}{\partial \sigma_{kl}} +$$

$$\sum_{p1=1}^{3}\sum_{p2=1}^{3}\sum_{p3=1}^{6}\sum_{p4=1}^{3}\sum_{p5=1}^{6} \frac{\partial \Phi}{\partial S''_{p1}} \frac{\partial^2 S''_{p1}}{\partial \tilde{I}''_{p2}\partial \tilde{I}''_{p4}} \frac{\partial \tilde{I}''_{p2}}{\partial \tilde{\partial}_{p3}} \frac{\partial \tilde{\partial}''_{p3}}{\partial \sigma_{ij}} \frac{\partial I''_{p4}}{\partial \tilde{\partial}''_{p5}} \frac{\partial \tilde{\partial}''_{p5}}{\partial \sigma_{kl}} +$$

$$\sum_{p1=1}^{3}\sum_{p2=1}^{3}\sum_{p3=1}^{6}\sum_{p4=1}^{6} \frac{\partial \Phi}{\partial \widetilde{S''_{p1}}} \frac{\partial \widetilde{S''_{p1}}}{\partial \tilde{I}''_{p2}} \frac{\partial^2 \tilde{I}''_{p2}}{\partial \tilde{\partial}''_{p3}\partial \tilde{\partial}''_{p4}} \frac{\partial \tilde{\partial}''_{p3}}{\partial \sigma_{ij}} \frac{\partial \tilde{\partial}_{p4}}{\partial \sigma_{kl}} +$$

$$\sum_{p1=1}^{3}\sum_{p2=1}^{3}\sum_{p3=1}^{6} \frac{\partial \Phi}{\partial \widetilde{S''_{p1}}} \frac{\partial \widetilde{S''_{p1}}}{\partial \tilde{I}''_{p2}} \frac{\partial \tilde{I}''_{p2}}{\partial \tilde{\partial}_{p3}} \frac{\partial \tilde{\partial}''^2_{p3}}{\partial \sigma_{ij}\partial \sigma_{kl}} +$$

$$\sum_{p1=1}^{3}\sum_{p2=1}^{3}\sum_{p3=1}^{6}\sum_{p4=1}^{3}\sum_{p5=1}^{3}\sum_{p6=1}^{6} \frac{\partial^2 \Phi}{\partial \widetilde{S''_{p1}}\partial \widetilde{S''_{p4}}} \frac{\partial \widetilde{S''_{p1}}}{\partial \tilde{I}''_{p2}} \frac{\partial \tilde{I}''_{p2}}{\partial \tilde{\partial}_{p3}} \frac{\partial \tilde{\partial}''_{p3}}{\partial \sigma_{ij}} \frac{\partial \widetilde{S''_{p1}}}{\partial \tilde{I}'_{p2}} \frac{\partial \tilde{I}'_{p2}}{\partial \tilde{\partial}'_{p3}} \frac{\partial \tilde{\partial}''_{p3}}{\partial \sigma_{ij}}$$

$$(2-51\text{c})$$

以上这些公式将会应用于构建弹-塑性本构模型。

2. 弹-塑性率本构方程

材料屈服行为的判断根据是多向应力状态下的等效应力与参考方向的单向屈服应力之间的关系,如此可以建立屈服条件:

$$F(\sigma, q) = \bar{\sigma} - \sigma_Y(\bar{\varepsilon}^p) \tag{2-52}$$

式中:$\bar{\sigma}$ 是等效应力;q 是内变量,对于各向同性硬化,由于塑性变形只受唯一的内变量——等效塑性应变 $\bar{\varepsilon}^p$ 的影响,所以内变量 q 代表的就是等效塑性应变 $\bar{\varepsilon}^p$。初始屈服之后,屈服应力 σ_Y 会增大,这种现象就是材料的硬化行为,它与等效塑性应变 $\bar{\varepsilon}^p$ 有关,也称之为应变硬化。在塑性变形过程,内变量的演化方

程为

$$\dot{q} = \dot{\lambda} h(\sigma, q) \tag{2-53}$$

式中：$\dot{\lambda}$ 是标量塑性流动率。对于各向同性硬化，唯一的内变量是等效塑性应变，所以此时 $h = 1$。对于弹塑性变形，应变率可以分解为弹性部分和塑性部分的和，即

$$\dot{\boldsymbol{\varepsilon}} = \dot{\boldsymbol{\varepsilon}}^{e} + \dot{\boldsymbol{\varepsilon}}^{p} \tag{2-54}$$

从初始加载到屈服之前，材料发生弹性变形，符合广义 Hook 定律，弹性响应对应于弹性应变率，满足：

$$\dot{\boldsymbol{\sigma}} = \boldsymbol{C} : \dot{\boldsymbol{\varepsilon}}^{e} \tag{2-55}$$

式中

$$\boldsymbol{C} = \begin{bmatrix} \lambda^* + 2\mu & \lambda^* & \lambda^* & & & \\ \lambda^* & \lambda^* + 2\mu & \lambda^* & & & \\ \lambda^* & \lambda^* & \lambda^* + 2\mu & & & \\ & & & \mu & & \\ & & & & \mu & \\ & & & & & \mu \end{bmatrix} \tag{2-56}$$

其中，λ^*，μ 是独立的材料常数，称为拉梅（Lame）常数，可以用更接近于物理度量的常数表示它们，即弹性模量 E、泊松比 ν，如下式：

$$\lambda^* = \frac{\nu E}{(1 + \nu)(1 - 2\nu)} \tag{2-57a}$$

$$\mu = \frac{E}{2(1 + \nu)} \tag{2-57b}$$

塑性应变率由流动法则确定，常表示为塑性流动势能 $\boldsymbol{\Psi}$ 的形式，即

$$\dot{\varepsilon}^{p} = \dot{\lambda} \frac{\partial \boldsymbol{\Psi}}{\partial \sigma} \tag{2-58}$$

式中：$\dfrac{\partial \boldsymbol{\Psi}}{\partial \sigma}$ 代表塑性流动方向。根据关联塑性流动法则，$\boldsymbol{\Psi} = F$，结合式（2-52），式（2-58）等同于下式：

$$\dot{\boldsymbol{\varepsilon}}^{p} = \dot{\lambda} \frac{\partial \boldsymbol{\Psi}}{\partial \sigma} = \dot{\lambda} \frac{\partial F}{\partial \sigma} = \dot{\lambda} \frac{\partial \bar{\sigma}}{\partial \sigma} \tag{2-59a}$$

令

$$\frac{\partial \bar{\sigma}}{\partial \sigma} = \alpha \tag{2-59b}$$

从几何角度上看，塑性流动方向与屈服面的法线方向相同。当塑性加载时，$\dot{\lambda} > 0$，应力保持在屈服表面 $F = 0$，也可以用一致性条件表示：$\dot{F} = 0$，通过"链规则"扩展，推导得到如下公式：

$$\dot{F} = F_\sigma : \dot{\sigma} + F_q \cdot \dot{q} = 0 \tag{2-60}$$

其中：$F_\sigma = \partial F/\partial \sigma$，$F_q = \partial F/\partial q$。加载-卸载条件为

$$\dot{\lambda} \geqslant 0; \quad F \leqslant 0; \quad \dot{\lambda}F = 0 \tag{2-61}$$

3. 本构方程积分及应力更新变量推导

对于上述的弹-塑性率相关本构方程，需要进行积分，积分本构方程的算法称为应力更新算法或本构积分算法。本书采用的是完全隐式的向后 Euler 图形返回算法，在步骤结束时更新应力 σ、一致切线模量 $\boldsymbol{C}$ 等变量，确定塑性应变增量 $\Delta\varepsilon^p$、塑性参数增量 $\Delta\lambda$ 等，强化屈服条件，它的更新变量来自前一个时间步的收敛值。它的稳定性较好，可以避免屈服面的漂移，如图 2-2 所示。

由于本书研究的材料硬化行为都符合各向同性硬化，所以该算法的基本方程如下：

$$\varepsilon_{n+1} = \varepsilon_n + \Delta\varepsilon \tag{2-62a}$$

$$\varepsilon_{n+1}^p = \varepsilon_n^p + \Delta\lambda_{n+1}\alpha_{n+1} \tag{2-62b}$$

$$\bar{\varepsilon}_{n+1}^p = \bar{\varepsilon}_n^p + \Delta\lambda_{n+1} \tag{2-62c}$$

$$\sigma_{n+1} = \boldsymbol{C} : (\varepsilon_{n+1} - \varepsilon_{n+1}^p) \tag{2-62d}$$

$$F_{n+1} = F(\sigma_{n+1}, \bar{\varepsilon}_{n+1}^p) = 0 \tag{2-62e}$$

在第 n 个时间步，给出一组变量 $(\varepsilon_n, \varepsilon_n^p, \bar{\varepsilon}_n^p)$ 以及应变增量 $\Delta\varepsilon$，式 (2-62) 是变量 $(\varepsilon_{n+1}, \varepsilon_{n+1}^p, \bar{\varepsilon}_{n+1}^p)$ 的非线性方程组。由图 2-2，假定刚开始的塑性应变增量为

$$\Delta\varepsilon_{n+1}^p \equiv \varepsilon_{n+1} - \varepsilon_n = \Delta\lambda_{n+1}\alpha_{n+1} \tag{2-63}$$

将式 (2-63) 代入式 (2-62d)，可得

$$\begin{aligned}
\sigma_{n+1} &= \boldsymbol{C} : (\varepsilon_{n+1} - \varepsilon_n^p - \Delta\varepsilon_{n+1}^p) \\
&= \boldsymbol{C} : (\varepsilon_n + \Delta\varepsilon_{n+1} - \varepsilon_n^p - \Delta\varepsilon_{n+1}^p) \\
&= \boldsymbol{C} : (\varepsilon_n - \varepsilon_n^p) + \boldsymbol{C} : (\Delta\varepsilon_{n+1} - \boldsymbol{C} : \Delta\varepsilon_{n+1}^p) \\
&= (\sigma_n + \boldsymbol{C} : \Delta\varepsilon_{n+1}) - \boldsymbol{C} : \Delta\varepsilon_{n+1}^p \\
&= \sigma_{n+1}^{\text{trail}} - \boldsymbol{C} : \Delta\varepsilon_{n+1}^p = \sigma_{n+1}^{\text{trail}} - \Delta\lambda_{n+1}\boldsymbol{C} : r_{n+1}
\end{aligned} \tag{2-64}$$

其中，$\sigma_{n+1}^{\text{trial}}$ 是弹性预测阶段的试探应力；$-\Delta\lambda_{n+1}\boldsymbol{C} : r_{n+1}$ 是塑性修正量，图 2-2 箭头①即代表它的方向，它沿着在试探应力结束点处的塑性流动方向，修正试探应力 $\sigma_{n+1}^{\text{trial}}$ 到更新的屈服表面（考虑材料硬化的作用），如图 2-2 中箭头②即表示屈服表面下一步的变化趋势。弹性预测阶段被总应变增量 $\Delta\varepsilon_{n+1}$ 驱动，而塑性修正阶段被塑性参数增量 $\Delta\lambda_{n+1}$ 驱动。在弹性预测阶段，等效塑性应变 $\bar{\varepsilon}_n^p$ 以及塑性应变 ε_n^p 是不变的；在塑性修正阶段，总应变 ε_{n+1} 是恒定的。由式 (2-64) 可得

$$\Delta\sigma_{n+1} = -\boldsymbol{C} : \Delta\varepsilon_{n+1}^p = -\Delta\lambda_{n+1}\boldsymbol{C} : \alpha_{n+1} \tag{2-65}$$

以上是该算法的几何解释。

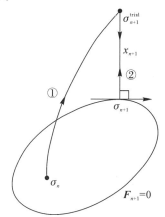

图 2 - 2 关联塑性流动的最近点投射法

由以上可知,在塑性修正阶段,总应变 ε_{n+1} 保持不变,需要对塑性参数增量 $\Delta\lambda_{n+1}$ 线性化。在第 k 次迭代过程中,对 $g(\Delta\lambda)=0$ 线性化,有 $\Delta\lambda^{(0)}=0$,符号标记如下:

$$g^{(k)} + \left(\frac{\mathrm{d}g}{\mathrm{d}\Delta\lambda}\right)^{(k)}\delta\lambda = 0 \qquad (2-66a)$$

$$\Delta\lambda^{(k+1)} = \Delta\lambda^{(k)} + \delta\lambda^{(k)} \qquad (2-66b)$$

其中,$\delta\lambda^{(k)}$ 是第 k 次迭代时 $\Delta\lambda$ 的增量,方程中角标 $n+1$ 被省略,在以下过程中,除非特别说明,所有方程均在 $n+1$ 时刻赋值。将式(2 - 62b)、式(2 - 62c)、式(2 - 62e)以式(2 - 66)的形式表示为

$$r_1 = -\varepsilon^{\mathrm{p}} + \varepsilon_n^{\mathrm{p}} + \Delta\lambda \frac{\partial\bar{\sigma}}{\partial\sigma} = 0 \qquad (2-67a)$$

$$r_2 = -\bar{\varepsilon}^{\mathrm{p}} + \bar{\varepsilon}_n^{\mathrm{p}} + \Delta\lambda h = 0 \qquad (2-67b)$$

$$F = F(\sigma, \bar{\varepsilon}^{\mathrm{p}}) = 0 \qquad (2-67c)$$

因此,对于各向同性硬化,q 等同于 $\Delta\bar{\varepsilon}_n^{pk}$,所以 $h=1$。结合式(2 - 52)~式(2 - 60),将式(2 - 65)应用于式(2 - 67),并且线性化可得

$$r_1^{(k)} + \boldsymbol{C}^{-1} : \Delta\sigma^{(k)} + \Delta\lambda^{(k)}\Delta\alpha^{(k)} + \delta\lambda^{(k)}\alpha^{(k)} = 0 \qquad (2-68a)$$

$$r_2^{(k)} - \Delta\bar{\varepsilon}^{\mathrm{p}(k)} + \delta\lambda^{(k)} = 0 \qquad (2-68b)$$

$$F^{(k)} + F_\sigma^{(k)} : \Delta\sigma^{(k)} + F_{\bar{\varepsilon}^{\mathrm{p}}}^{(k)} \cdot \Delta\bar{\varepsilon}^{\mathrm{p}(k)} = 0 \qquad (2-68c)$$

式中

$$\Delta\alpha^{(k)} = \alpha_\sigma^{(k)} : \Delta\sigma^{(k)} \qquad (2-68d)$$

$$\alpha_\sigma^{(k)} = \frac{\partial^2\bar{\sigma}^{(k)}}{\partial\sigma_{ij}\partial\sigma_{(kl)}} \qquad (2-68e)$$

$$\partial \boldsymbol{F}^{(k)} = \begin{bmatrix} F_{\sigma}^{(k)} & F_{\bar{\varepsilon}^{p}}^{(k)} \end{bmatrix} = \begin{bmatrix} \dfrac{\partial \bar{\sigma}^{(k)}}{\partial \sigma_{ij}} & -H^{(k)} \end{bmatrix} \tag{2-68f}$$

联立式(2-68a)~式(2-68e)求解 $\Delta \sigma^{(k)}$，$\Delta \bar{\varepsilon}_{n}^{p}$ 推导可得：

$$\begin{bmatrix} \Delta \sigma^{(k)} \\ \Delta \bar{\varepsilon}^{p(k)} \end{bmatrix} = -\boldsymbol{A}^{(k)} \boldsymbol{R}^{(k)} - \delta \lambda^{(k)} \cdot \boldsymbol{A}^{(k)} \boldsymbol{S}^{(k)} = \begin{bmatrix} -\hat{\boldsymbol{C}}^{(k)} : r_{1}^{(k)} - \delta \lambda^{(k)} \cdot \hat{\boldsymbol{C}}^{(k)} : \dfrac{\partial \bar{\sigma}}{\partial \sigma_{ij}} \\ r_{2}^{(k)} + \delta \lambda^{(k)} \end{bmatrix} \tag{2-69}$$

式中

$$R^{(k)} = \begin{bmatrix} r_{1}^{(k)} \\ r_{2}^{(k)} \end{bmatrix} = \begin{bmatrix} -\Delta \varepsilon^{p(k)} + \Delta \lambda^{(k-1)} \cdot \dfrac{\partial \bar{\sigma}^{(k)}}{\partial \sigma_{ij}} \\ -\Delta \bar{\varepsilon}^{p(k)} + \Delta \lambda^{(k-1)} \end{bmatrix} \tag{2-70a}$$

$$\boldsymbol{A}^{(k)} = \begin{bmatrix} \left(\boldsymbol{C}^{-1} + \Delta \lambda^{(k-1)} \cdot \dfrac{\partial^{2} \bar{\sigma}^{(k)}}{\partial \sigma_{ij} \partial \sigma_{kl}} \right)^{-1} & 0 \\ 0 & -1 \end{bmatrix} = \begin{bmatrix} \hat{\boldsymbol{C}}^{(k)} & 0 \\ 0 & -1 \end{bmatrix} \tag{2-70b}$$

$$\boldsymbol{S}^{(k)} = \begin{bmatrix} \dfrac{\partial \bar{\sigma}^{(k)}}{\partial \sigma_{ij}} \\ 1 \end{bmatrix} \tag{2-70c}$$

将式(2-68f)、式(2-69)、式(2-70)代入式(2-68c)，得到

$$\delta \lambda^{(k)} = \dfrac{F^{(k)} - \partial \boldsymbol{F}^{(k)} \boldsymbol{A}^{(k)} \boldsymbol{R}^{(k)}}{\partial \boldsymbol{F}^{(k)} \boldsymbol{A}^{(k)} \boldsymbol{S}^{(k)}} = \dfrac{F^{(k)} - \dfrac{\partial \bar{\sigma}^{(k)}}{\partial \sigma_{ij}} : \hat{\boldsymbol{C}}^{(k)} : r_{1}^{(k)} - H^{(k)} \cdot r_{2}^{(k)}}{\dfrac{\partial \bar{\sigma}}{\partial \sigma_{ij}} : \hat{\boldsymbol{C}}^{(k)} : \dfrac{\partial \bar{\sigma}}{\partial \sigma_{ij}} + H^{(k)}} \tag{2-71}$$

基于以上结果，ε_{n+1}，ε_{n+1}^{p}，$\bar{\varepsilon}_{n+1}^{p}$ 更新为

$$\varepsilon^{p(k+1)} = \varepsilon^{p(k)} + \Delta \varepsilon^{p(k)} = \varepsilon^{p(k)} - \boldsymbol{C}^{-1} : \Delta \sigma^{(k)} \tag{2-72a}$$

$$\bar{\varepsilon}^{p(k+1)} = \bar{\varepsilon}^{p(k)} + \Delta \bar{\varepsilon}^{p(k)} \tag{2-72b}$$

$$\Delta \lambda^{(k+1)} = \Delta \lambda^{(k)} + \delta \lambda^{(k)} \tag{2-72c}$$

当材料由屈服行为突然发生塑性变形时，连续体的弹-塑性切线模量有时会造成伪加载或卸载。为了避免出现这种情况，需要求解一致切线模量，也称之为算法模量，它与 ABAQUS 软件中的 Jacobian 矩阵作用是相同的，即上述的 $\boldsymbol{C}$，它的定义如下：

$$\boldsymbol{C} = \left(\dfrac{\mathrm{d}\sigma}{\mathrm{d}\varepsilon} \right)_{n+1} \tag{2-73}$$

根据以上结果，将式(2-70b)代入式(2-69)，可以得到 $\boldsymbol{C}$：

$$C = \hat{C}^{(k)} - \frac{\left(\hat{C}^{(k)} : \dfrac{\partial \bar{\sigma}}{\partial \sigma_{ij}}^{(k)} \right) \otimes \left(\dfrac{\partial \bar{\sigma}}{\partial \sigma_{ij}}^{(k)} : \hat{C}^{(k)} \right)}{\dfrac{\partial \bar{\sigma}}{\partial \sigma_{ij}}^{(k)} : \hat{C}^{(k)} : \dfrac{\partial \bar{\sigma}}{\partial \sigma_{ij}}^{(k)} : H^{(k)}} \tag{2-74}$$

2.1.4 UMAT 子程序二次开发

1. UMAT 子程序本构模型的构建

由于 ABAQUS 软件不包含高级的 Yld91,Yld2004 屈服准则本构模型,所以将高级的 Yld91,Yld2004 屈服准则本构模型应用到球形压痕有限元分析,就必须开发相应的屈服准则本构模型 UMAT 子程序。

根据 ABAQUS 提供的二次开发接口要求,用 Fortran 语言编写程序,得到.for 格式的 UMAT 子程序,将其嵌入 ABAQUS,就可以实现调用。它使用户能够自定义 ABAQUS 软件材料模型库中没有的材料模型,分析实际中更具体、更复杂的新问题。UMAT 子程序的功能非常强大:可以根据材料特性自定义新的材料本构;可以实现新问题的有限元分析;它与主程序相互调用,可以用于任何加载或卸载阶段的分析;可以在材料单元每个积分点上进行调用;等等。

上述已经完成了 UMAT 子程序本构模型需要的主要变量、弹塑性率本构方程、应力更新变量的推导过程。为了方便编程,直观地表示迭代循环的步骤,需要构建 UMAT 子程序本构模型,构建过程如下。

(1)初始状态。

初始值设置:

$$k = 0, \quad \Delta \lambda^{(0)} = 0$$

$$\varepsilon^{p(0)} = \varepsilon_n^p, \quad \bar{\varepsilon}^{p(0)} = \bar{\varepsilon}_n^p, \quad \sigma^{(0)} = C : (\varepsilon_{n+1} - \varepsilon^{p(0)})$$

其中,ε_n^p,$\bar{\varepsilon}_n^p$ 是上一时间步的收敛值。

(2)在第 k 次迭代检查屈服条件和收敛性,即

$$F^{(k)} = \bar{\sigma} \left[\sigma_{ij}^{(k-1)} \right] - \sigma_Y \left[\bar{\varepsilon}^{p(k-1)} \right]$$

$$\left[R^{(k)} \right] = \begin{bmatrix} r_1^{(k)} \\ r_2^{(k)} \end{bmatrix} = \begin{bmatrix} -\Delta \varepsilon^{p(k)} + \Delta \lambda^{(k-1)} \cdot \dfrac{\partial \bar{\sigma}}{\partial \sigma_{ij}}^{(k)} \\ -\Delta \bar{\varepsilon}^{p(k)} + \Delta \lambda^{(k-1)} \end{bmatrix}$$

如果 $F^{(k)} \leqslant$ tolerance 且 $\| R^{(k)} \| \leqslant$ tolerance,则储存变量,此时间步结束;否则,继续下一步骤。

(3)在第 k 次迭代,计算中间变量:

$$A^{(k)} \left[\begin{matrix} \left(C^{-1} + \Delta\lambda^{(k-1)} \cdot \dfrac{\partial^2 \bar{\sigma}}{\partial\sigma_{ij}\partial\sigma_{kl}}^{(k)} \right)^{-1} & 0 \\ 0 & -1 \end{matrix} \right] = \left[\begin{matrix} \hat{C}^{(k)} & 0 \\ 0 & -1 \end{matrix} \right]$$

$$S^{(k)} = \left[\begin{matrix} \dfrac{\partial\bar{\sigma}}{\partial\sigma_{ij}}^{(k)} \\ 1 \end{matrix} \right]$$

$$\partial F^{(k)} = \left[F_\sigma^{(k)} \quad F_{\bar{\varepsilon}^p}^{(k)} \right] = \left[\dfrac{\partial\bar{\sigma}}{\partial\sigma_{ij}}^{(k)} \quad -H^{(k)} \right]$$

$$\delta\lambda^{(k)} = \frac{F^{(k)} - \partial F^{(k)} A^{(k)} R^{(k)}}{\partial F^{(k)} A^{(k)} S^{(k)}} = \frac{F^{(k)} - \dfrac{\partial\bar{\sigma}}{\partial\sigma_{ij}}^{(k)} : \hat{C}^{(k)} : r_1^{(k)} - H^{(k)} \cdot r_2^{(k)}}{\dfrac{\partial\bar{\sigma}}{\partial\sigma_{ij}}^{(k)} : \hat{C}^{(k)} : \dfrac{\partial\bar{\sigma}}{\partial\sigma_{ij}}^{(k)} + H^{(k)}}$$

（4）得到 $\Delta\sigma$，$\Delta\bar{\varepsilon}_n^p$：

$$\left[\begin{matrix} \Delta\sigma^{(k)} \\ \Delta\bar{\varepsilon}^{p(k)} \end{matrix} \right] = -A^{(k)}R^{(k)} - \delta\lambda^{(k)} \cdot A^{(k)}S^{(k)} = \left[\begin{matrix} -\hat{C}^{(k)} : r_1^{(k)} - \delta\lambda^{(k)} \cdot \hat{C}^{(k)} : \dfrac{\partial\bar{\sigma}}{\partial\sigma_{ij}} \\ r_2^{(k)} + \delta\lambda^{(k)} \end{matrix} \right]$$

（5）更新变量：

$$\varepsilon^{p(k+1)} = \varepsilon^{p(k)} + \Delta\varepsilon^{p(k)} = \varepsilon^{p(k)} - C^{-1} : \Delta\sigma^{(k)}$$

$$\bar{\varepsilon}^{p(k+1)} = \bar{\varepsilon}^{p(k)} + \bar{\varepsilon}^{p(k)}$$

$$\Delta\lambda^{k+1} = \Delta\lambda^{(k)} + \delta\lambda^{(k)}$$

$$\sigma^{(k+1)} = \sigma^{(k)} + \Delta\sigma^{(k)}$$

$$C = \hat{C}^{(k)} - \frac{\left(\hat{C}^{(k)} : \dfrac{\partial\bar{\sigma}}{\partial\sigma_{ij}}^{(k)} \right) \otimes \left(\dfrac{\partial\bar{\sigma}}{\partial\sigma_{ij}}^{(k)} : \hat{C}^{(k)} \right)}{\dfrac{\partial\bar{\sigma}}{\partial\sigma_{ij}}^{(k)} : \hat{C}^{(k)} : \dfrac{\partial\bar{\sigma}}{\partial\sigma_{ij}}^{(k)} + H^{(k)} \cdot h^{(k)}}$$

返回第（2）步。

2. UMAT 子程序结构模式及编程

作为独立的程序模块，UMAT 子程序既能被 ABAQUS 主程序调用，也能被单独编译或存储。UMAT 子程序的编程应该遵循结构化程序设计的思想，即灵活使用 3 种基本程序结构（顺序结构、循环结构、选择结构），按照自顶向下的设计思路，分解程序功能，使程序合理地模块化、分支化，可使子程序足够简单，柔性化，具有互换性，更加通用。

本书开发的两个 Yld91，Yld2004 屈服准则本构模型 UMAT 子程序，从整体上看，都具有以下模块：①ABAQUS 规定的题名声明语句；②ABAQUS 的接口参数声明语句;③自定义的变量声明语句;④程序主体,包括主程序和 5 个嵌套的功能分支子程序;⑤程序结束语和返回语句。在开发的 UMAT 子程序中,一致切线模量矩阵 C 的求逆运算,与材料硬化行为有关的硬化函数运算,与屈服函数有关的 3 个变量——等效应力 $\bar{\sigma}$、一阶导 $\dfrac{\partial \bar{\sigma}}{\partial \sigma_{ij}}$、二阶导 $\dfrac{\partial^2 \bar{\sigma}}{\partial \sigma_{ij} \partial \sigma_{kl}}$ 的运算,是相互独立的运算过程,可以将它们分解为独立的功能模块——分支子程序,在程序内部实现自调用。根据上述内容,本书提出的 UMAT 子程序结构模式如图 2-3 所示。等效应力 $\bar{\sigma}$ 模块、一阶导 $\dfrac{\partial \bar{\sigma}}{\partial \sigma_{ij}}$ 模块、二阶导 $\dfrac{\partial^2 \bar{\sigma}}{\partial \sigma_{ij} \partial \sigma_{kl}}$ 模块只与选择的屈服准则有关;屈服应力 σ_Y 模块只与加载过程中材料的硬化行为有关;一致切线模量矩阵 C 求逆模块只与矩阵 C 有直接关系。这 5 个功能模块之间相互独立,运算过程没有直接关系。针对不同的屈服准则,只需改变与屈服准则有关的模块(等效应力 $\bar{\sigma}$ 模块、一阶导 $\dfrac{\partial \bar{\sigma}}{\partial \sigma_{ij}}$ 模块、二阶导 $\dfrac{\partial^2 \bar{\sigma}}{\partial \sigma_{il} \partial \sigma_{ij}}$ 模块)就可以嵌入新的屈服准则;针对不同的材料硬化行为,只需改变与硬化法则有关的模块(屈服应力 σ_Y 模块)就可以研究新的材料硬化行为。因而,上述 UMAT 子程序结构模式具有互换性,是通用的,它可以将具有新的屈服准则、新的硬化函数的本构模型嵌入 ABAQUS 软件。

UMAT 子程序的编程需要定义的材料参数有:弹性模量 E,泊松比 ν,屈服准则各向异性系数(Yld91 屈服准则有 6 个:a, b, c, f, g, h;Yld2004 屈服准则有 18 个:$c_{i=1 \sim 18}$),硬化模型参数(本书所研究的材料硬化符合 Hollomon 硬化法则,表达式为 $\sigma_Y = K(\varepsilon_0 + \bar{\varepsilon}_n^p)^n$,包含 K, ε_0, n 三个参数)。Yld91、Yld2004 屈服准则本构模型的 UMAT 子程序材料常数的定义见表 2-4 和表 2-5,同时,UMAT 子程序的编程需要定义一个状态变量数组,用于存放与求解过程有关的变量,这些变量将在求解过程中不断地被更新,并传递到主程序,然后在下一个增量步开始时再传递给 UMAT 子程序。本书开发的 UMAT 子程序包含 13 维的状态变量数组:弹性应变分量存储在 1~6 维,塑性应变分量存储在 7~12 维,等效塑性应变存储在第 13 维。其他局部变量的名称、定义应该简洁明了、易辨识。对 UMAT 子程序中数组与数组、矩阵与数组、矩阵与矩阵的矢量乘积编程规则应该特别注意。

表 2-4　Yld91 屈服准则本构模型 UMAT 子程序材料常数定义顺序

材料常数顺序	1	2	3	4	5	6	7	8	9	10	11	12
物理意义	E	ν	K	ε_0	n	a	b	c	f	g	h	m

表 2-5　Yld2004 屈服准则本构模型 UMAT 子程序材料常数定义顺序

材料常数顺序	1	2	3	4	5	6~23	24
物理意义	E	υ	K	ε_0	n	$c_1 \sim c_{18}$	m

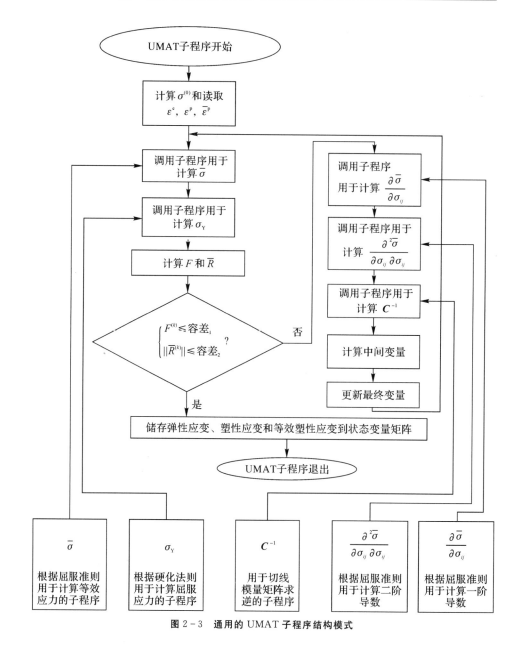

图 2-3　通用的 UMAT 子程序结构模式

2.1.5 UMAT 子程序在 ABAQUS 中的运行环境

1. ABAQUS 用户子程序接口及编译运行环境的建立

UMAT 子程序在分析计算过程中会与 ABAQUS 主程序结合,进行数据的传输、更新。为了实现这些过程,UMAT 子程序与 ABAQUS 主程序共享一些变量,即 ABAQUS 用户子程序接口。接口定义在 UMAT 子程序的题名中,对数据的传输、更新和相互调用起着桥梁纽带作用。以下就是 UMAT 子程序与主程序的接口共享变量相关内容:

SUBROUTINE UMAT(STRESS,STATEV,DDSDDE,SSE,SPD,SCD,

1 RPL,DDSDDT,DRPLDE,DRPLDT,

2 STRAN, DSTRAN, TIME, DTIME, TEMP, DTEMP, PREDEF, DPRED,MATERL,

3 NDI,NSHR,NTENS,NSTATV,PROPS,NPROPS,COORDS,DROT, PNEWDT,

4 CELENT,DFGRD0,DFGRD1,NOEL,NPT,LAYER,KSPT,KSTEP, KINC)

以上是接口共享变量声明。

INCLUDE 'ABA_PARAM. INC'——此处是将 ABAQUS/Standard 自带的参数精度文件包含进来:

CHARACTER * 80 MATERL

DIMENSION STRESS(NTENS),STATEV(NSTATV),

1 DDSDDE(NTENS,NTENS),DDSDDT(NTENS),DRPLDE(NTENS),

2 STRAN(NTENS),DSTRAN(NTENS),TIME(2),PREDEF(1),DPRED (1),

3 PROPS(NPROPS),COORDS(3),DROT(3,3),

4 DFGRD0(3,3),DFGRD1(3,3)

以上是接口共享变量定义。

ABAQUS 能够调用并运行 UMAT 子程序,必须设置外部运行环境,它需要 ABAQUS,Microsoft Visual Studio(MVS),Intel Visual Fortran(IVF)三个软件集成。编译运行环境涉及各个软件之间的版本兼容性的问题,这直接影响到 UMAT 子程序能否在 ABAQUS 中运行。本书完成了 ABAQUS6. 12 ＋ MVS2010＋ IVF2011 之间的兼容调试,步骤如下:

第一步:根据使用的计算机系统位数(本书使用 32 位),先安装 32 位的

MVS2010(推荐使用英文版本),然后安装 32 位的 IVF2011(ABAQUS6.12 软件在这之前或者之后安装都可以)。

第二步:先找到 Microsoft Visual Studio 2010 安装根目录下的 vcvarsall. bat 文件的安装路径,MVS2010 的 vcvarsall. bat 批处理文件在调用时,需要指定参数 ia,它为系统架构。可以通过[开始]→Microsoft visual studio 2010→visual studio tools→visual studio command prompt(2010),右键点击"属性"——目标位置查看(也可以在 VS 的安装目录下查找 vcvarsall. bat)。再找到 IVF2011 安装根目录下 ifortvars. bat 文件的存放路径。调用 ifortvars. bat 需要设定两个参数 ia 和 vs(第一个为系统架构,第二个为 vs 版本)。可以通过开始菜单栏→所有程序→Intel Parallel Studio XE 2011→Command Prompt→Parallel Studio XE with Intel Compiler XE v12. 0 Update5→IA32 Visual Studio 2010 mode,右键单击"属性"查看,也可以在 Intel Visual Fortran 的安装目录下查找 ifortvars. bat。

第三步:找到 ABAQUS 安装目录下的 abq6121. bat,在安装根目录 D:\SIMULA,单击右键"编辑"打开,将 abq6121. bat 中的内容由

@echo off

"C:\SIMULIA\Abaqus\6.12-1\code\bin\abq6121.exe" % *

改为:

@call "D:\Program Files \Microsoft Visual Studio 10. 0\VC\vcvarsall. bat" x86

@call "D:\Program Files \Intel Composer XE 2011\bin\ifortvars. bat" ia32 vs2010

@echo off

"C:\SIMULIA\Abaqus\6.12-1\code\bin\abq6121.exe" % *

然后启动程序→SIMULIA FLEXnet Licensing→Licensing utilities 打开 lmtools,启动 Abaqus 的 License,再运行 Abaqus Verification(点击程序→abaqus 6.12),待完成后查看 verify. log 文件,若所有的集成项目都显示"pass",则说明集成成功(如果并非全 pass 但与 Abaqus/standard use subroutines,Fortran 相关的都"pass",一般也表示集成成功)。

2. UMAT 子程序验证

为了验证 Yld91,Yld2004 各向异性屈服准则本构模型 UMAT 子程序的正确性,必须把 UMAT 子程序嵌入 ABAQUS 软件中进行模型实例有限元分析。当 Yld91,Yld2004 屈服准则的各向异性系数都为 1 且指数 $m=2$(或 4)时,它们都可以退化为 Mises 各向同性屈服准则。通常建立简单的单拉或者单压模型,

分别将 Yld91,Yld2004 屈服准则 UMAT 子程序与单拉或者单压模型耦合,设置系数全为 1、指数 m 为 2,将 UMAT 子程序有限元分析得到的结果与用 ABAQUS 自带的 Mises 屈服准则计算的结果进行对比,可以直接、简捷的验证 UMAT 子程序是否在误差允许范围内,是否满足精度要求。

为了验证 UMAT 子程序的正确性,本研究建立了简化的单向压缩有限元模型,如图 2-4 所示。有限元模型一端固定,在另一端施加合适的加载力,通过设置 UMAT 子程序中各向异性屈服准则系数都为 1 且指数 $m=2$(或 4),进行有限元分析,并将分析结果与 ABAQUS 自带的 Mises 屈服准则本构模型进行对比。需要注意的是,用 UMAT 子程序进行有限元分析时,为了使 UMAT 子程序与有限元模型耦合,还需要对照 UMAT 子程序在有限元模型作相应的设置,以保证有限元模拟顺利进行。完成有限元分析之后,比较各自的云图,选取合适的路径提取等效应力、等效塑性应变进行对比,结果如图 2-5 和图 2-6 所示。

图 2-4　简化的单向压缩有限元模型

如图 2-5 所示,将 Yld91,Yld2004 屈服准则退化为 Mises 屈服准则模拟的结果与 ABAQUS 自带的 Mises 屈服准则模拟的结果在等效应力分布云图上整体保持一致,精确度保持在 99.9% 左右。

如图 2-6 所示,将 Yld91,Yld2004 屈服准则退化为 Mises 屈服准则模拟的结果与 ABAQUS 自带的 Mises 屈服准则模拟的结果在等效塑性应变分布云图上整体保持一致,精确度保持在 99.9% 左右。

综上所述,本研究开发的 Yld91,Yld2004 屈服准则本构模型 UMAT 子程序具有较高的精确度,符合本研究的精度要求,误差在允许范围之内,可以用于后面球形压痕有限元分析。

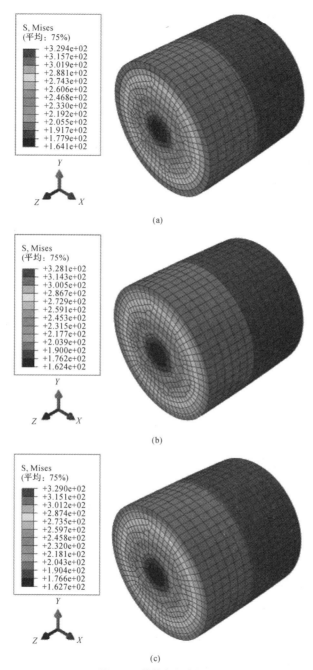

图 2-5 等效应力对比图

(a)ABAQUS 自带 Mises 准则计算所得应力云图;(b)Yld91 准则计算所得应力云图;

(c)Yld2004 准则计算所得应力云图

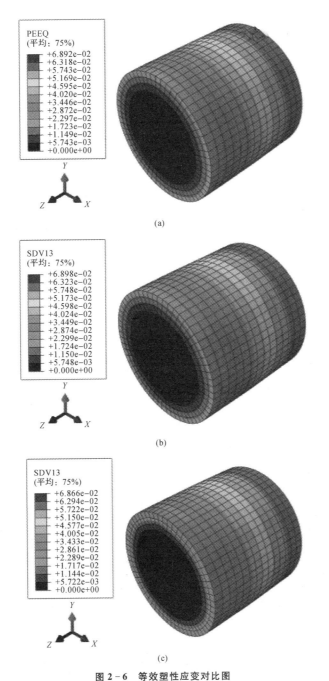

图 2-6 等效塑性应变对比图

（a）ABAQUS 自带 Mises 准则计算所得应变云图；（b）Yld91 准则计算所得应变云图；

（c）Yld2004 准则计算所得应变云图

3. 球形压痕有限元模拟

在使用 UMAT 子程序进行有限元模拟时，为了使有限元模型和 UMAT 子程序耦合，必须对照 UMAT 子程序作相应的设置，此时定义材料属性时不能再在【Mechanical】栏输入表 2-4 和表 2-5 中的材料常数，而需要在【Property】→【Create Material】对话框【General】→【User Material】栏，按顺序输入表 2-4 和表 2-5 中的材料常数，并且在【Depvar】栏创建状态变量数组。状态变量数组对应 UMAT 子程序接口部分的 STATEV(NSTATV)，NSTATV 表示维数，本研究定义的状态变量数组维数是 13 维。

ABAQUS 调用 UMAT 子程序完成有限元模拟后，弹性应变分量 σ_{ij}^e、塑性应变分量 σ_{ij}^p 以及等效塑性应变值 $\bar{\sigma}^p$ 等都储存在状态变量数组中，如果不进行设置，则可视化文件 .odb 中的变量值都会显示为零。因而，在模型树【Field Output Requests】→【F-Output】对话框选择"SDV"状态变量输出，才能在模拟结果文件 .odb 中查看需要的变量值。模型创建完成后，需要创建作业，这时需要在接口处把 UMAT 子程序与主程序连接起来，UMAT 子程序必须是 .for 文件。

球形压痕有限元模型在 ABAQUS 中建立，主要包括以下步骤：创建部件、定义材料属性、装配、创建分析步、接触相互作用、确定载荷及边界条件、网格划分等。详细过程如下：由于本研究的材料结构、压痕几何形状绕 z 轴方向在 $x-y$ 平面呈轴对称，因此只需要建立 1/4 部分的球形压痕有限元模型，包括 1/4 部分的球形压头部件、1/4 部分的受压试件部件；球形压头部件被假定为刚体，半径 $R=400\ \mu m$，给受压试件部件赋予材料属性，包括弹性、塑性等；初始时球形压头与试件装配在一起，球形压头尖与试件接触（点接触）；建立加载分析步、卸载分析步；压头与试件之间的接触类型设置为"表面-表面"，接触表面之间的摩擦选择库仑（coulomb）摩擦，摩擦公式采用罚函数，摩擦因子为 0.15；试件模型的底部被完全固定，$x-z$ 侧面绕 x 向转动、绕 z 向转动、沿 y 向平移的自由度被约束，$y-z$ 侧面绕 y 向转动、绕 z 向转动、沿 x 向平移的自由度被约束，压头由位移控制，最大压入位移为 40 μm，卸载时，压头从最大压入深度回到原点处；球形压头部件的单元网格类型为 R3D4，共 1 365 个单元，试件单元类型为 C3D8R，缩减积分。在试件与球形压头可能要接触的区域里，受压试件模型的单元网格被细化，尺寸为 2 μm，共 16 000 个单元，细化区域的半径和高足够大，这是为了避免可能发生的接触溢出现象。研究证明，摩擦因子和泊松比对载荷-位移($F-h$)曲线的影响微小，可以忽略不计。图 2-7 展示的就是本研究使用的球形压痕有限元模型。

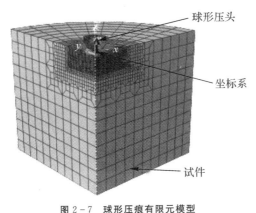

图 2 - 7　球形压痕有限元模型

|2.2　基于球形压痕法的材料塑性各向异性分析|

2.2.1　改进的压痕响应分析方法

1. 材料模型

Hollomon 法则在弹性阶段表征材料的线弹性性能,在塑性阶段采用幂指数描述材料的塑性行为。Hollomon 法则能很好地表示大多数工程材料的应力-应变(σ-ε)曲线,它的表达式如下:

$$\begin{aligned} \sigma_f &= E\varepsilon_f, & \varepsilon_f \leqslant \varepsilon_Y \\ \sigma_f &= K\varepsilon_f^n, & \varepsilon_f \geqslant \varepsilon_Y \end{aligned} \tag{2-75}$$

其中,E 是弹性模量;$K(=E^n\sigma_Y^{1-n})$ 是硬化强度,n 是硬化指数,它们两个是 Hollomon 参数;σ_Y 是屈服应力;$\varepsilon_Y = \sigma_Y/E$ 是屈服应变。

本章研究的是板材,使用的材料是 Al 6111 - T4 合金板材,它由轧制工艺制造而成,不同方向上晶粒的择优取向、纤维力学性能不一样,因而在与轧制方向成不同夹角方向的材料性能不相同。由于板材厚度远小于长和宽,与厚度方向 z 有关的屈服应力(σ_{Yz})和剪切屈服应力(σ_{Yyz},σ_{Yxz})很难由实验得到,这时 Hill48 屈服准则与 z 向有关的各向异性系数(R_{zz},R_{yz},R_{zx})不能由"两向屈服应力之比"的方法得到,在这种情况下,结合 Hill48 屈服准则的各向异性系数应该由厚向异性指数 r_0,r_{45},r_{90} 计算得到。对于板材,r_0,r_{45},r_{90} 相对容易得到,与 z 向有关的 R_{zz} 就可以由式(2-5)计算得到,而 R_{yz},R_{zx} 假定为 1。根据表 2-1 的 Al6111 - T4 板材性能参数,Hill48屈服准则的各向异性系数可由厚向异性指数r_0,r_{45},r_{90}计算得到,系数值见表2-6。对于Yld91,Yld2004屈服准则的各向异性系数,可由改进后的方法计算得到,表2-2和表2-3已经分别列出。

在压头压入试件的过程中,由于各向异性,凸起或凹陷发生在与x轴成某个夹角方向的接触边缘,截面轮廓图如图2-8(a)(b)所示。在图2-8中,各标识符号代表的意义如下:h_t是压痕深度;d是考虑凸起或凹陷效应的接触半径;r是理想选取点到对称中心轴的垂直距离;l是理想选取点到原始(未变形)表面的垂直距离;D是球形压头的直径。

表2-6 由Al6111-T4合金板材单向实验得到的Hill48各向异性系数

各向异性系数	R_{xx}	R_{yy}	R_{zz}	R_{yz}	R_{zx}	R_{xy}
系数值	1	0.918	0.897	1	1	1.042

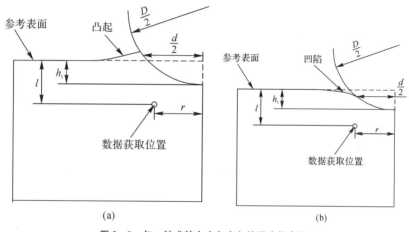

图2-8 与x轴成某个夹角方向的压痕轮廓图

(a)凸起轮廓图;(b)凹陷轮廓图

2.改进的理想点位置确定方法

Tabor在压头与试件接触边缘即$2r/d=1$处研究压痕响应,以及等效塑性应变的分布规律。接触边缘变形剧烈,应变梯度过大,并且接触摩擦产生明显的滑移效应,对压痕响应有明显的影响,很难得到准确的应力-应变(σ-ε)关系。Taljat等人选择距离对称中心轴$d_t/3$、距离压痕边缘$d_t/10$处的位置点作为理想点,但是他们的研究没有考虑接触摩擦的滑移影响,用理想接触直径d_t代替真实接触直径d,并且未考虑等效塑性应变的梯度变化规律,这使得他们的研究方法和成果有很大的局限性。Lee 等人考虑了应变梯度的变化,以及摩擦产生的滑移影响,用真实的接触直径研究压痕响应,确定了新的理想点位置。在新的理想点位置,应变梯度变化平缓,变形"平稳",等效塑性应变不受摩擦影响,但是这只适用于各向同性的二维压痕研究。

材料的塑性各向异性性能不仅与应变有关,也与应力有关。应力-应变关系能充分地表征塑性各向异性。研究证明:压头与试件间的接触摩擦也影响应力梯度的变化。因此,研究受压试件应力梯度的变化规律、接触摩擦对应力分布的影响也是必不可少的。

在这里首次将高级各向异性屈服准则本构模型用于球形压痕有限元分析,在各向异性情况下,针对三维球形压痕有限元模型,研究等效应力 σ、等效塑性应变 $\bar{\varepsilon}_n^p$ 的梯度变化,以及接触摩擦对它们的影响,确定理想点位置。为了研究接触摩擦对等效应力 σ、等效塑性应变 $\bar{\varepsilon}_n^p$ 分布的影响,摩擦因子的选择范围是 $0.1 \leqslant f \leqslant 0.3$。

对于遵循某个各向异性屈服准则的球形压痕有限元分析,需要综合考虑关键因素确定理想点位置可信度:针对与轧制方向成某个夹角的方向,在深度 l 处沿着径向方向(径向距离 r 相对于接触半径 $d/2$——$2r/d$)、在径向距离 r 处沿着深度方向(垂直距离 l 相对于压头直径 D——l/D)分别研究等效塑性应变 $\bar{\varepsilon}_n^p$、等效应力 σ 的梯度分布规律,以及摩擦对它们各自分布的影响,当所有方向上等效应力 σ、等效塑性应变 $\bar{\varepsilon}_n^p$ 的梯度变化平缓,且不受摩擦影响的位置(l/D 和 $2r/d$)都相同时,此位置就是理想点位置。由于各向异性,与 x 轴成某个夹角的方向的真实接触直径 d 不相同,所以理想点位置(l/D 和 $2r/d$)既相对于真实接触半径 $d/2$,同时也相对于压头直径 D,这样使得理想点位置具有整体上的代表性和示范性。选取 $0°$(轧制方向 x 轴)和 $90°$(横纹方向 y 轴)方向,当 $0°$ 方向上等效应力 σ、等效塑性应变 $\bar{\varepsilon}_n^p$ 的梯度变化平缓,且不受摩擦影响的某个位置(l/D 和 $2r/d$)与 $90°$ 方向上同样情况的某个位置近似或完全相同时,这个理想点位置就被确定了。以下是详细过程:

对于遵循某个各向异性屈服准则的球形压痕有限元分析,首先在某个相对深度 l/D,沿着径向方向(径向距离 r 相对于接触半径 $d/2$——$2r/d$)研究等效应力 σ、等效塑性应变 $\bar{\varepsilon}_n^p$ 的分布规律和梯度变化,若在某个相对深度 l/D 和径向相对距离 $2r/d$,等效塑性应变 $\bar{\varepsilon}_n^p$ 和等效应力 σ 的梯度变化都平缓,且都不受摩擦影响,相对深度 l/D 和径向相对距离 $2r/d$ 被暂时确定。其次在暂时确定的径向相对距离 $2r/d$,沿着深度方向(垂直距离 l 相对于压头直径 D——l/D)

研究等效应力 σ、等效塑性应变 $\bar{\varepsilon}_n^p$ 的分布规律和梯度变化,若在暂时确定的相对深度 l/D 和径向相对距离 $2r/d$,上述情况再次出现,则此位置是合理的,如果不出现,则重新开始第一步。最后综合考虑 $0°$ 和 $90°$ 方向上相对深度 l/D 和径向相对距离 $2r/d$,就可以确定理想点位置的可信域。图 2-9 是用 ABAQUS 自带的 Hill48 屈服准则模拟的球形压痕,及用上述方法确定的理想点位置的等效塑性应变 $\bar{\varepsilon}_n^p$ 和等效应力 σ 的梯度变化规律。图 2-10 和图 2-11 是用嵌入的 Yld91、Yld2004 屈服准则本构模型 UMAT 子程序模拟的球形压痕仿真得到的 $\bar{\varepsilon}_n^p$ 和等效应力 σ 的梯度变化规律以及摩擦对它们分布的影响规律。

如图 2-9~图 2-11 所示,由不同屈服准则模拟的球形压痕,沿着径向方向、深度方向,在新确定的理想点位置微小邻域,等效塑性应变 $\bar{\varepsilon}_n^p$ 和等效应力 σ 梯度变化平缓,且它们都不受摩擦影响。

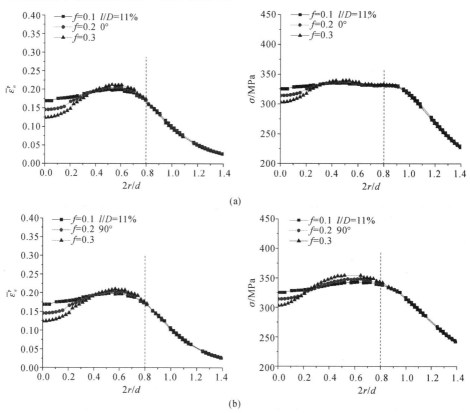

(a)

(b)

图 2-9　Hill48 屈服准则模拟的球形压痕识别等效塑性应变 $\bar{\varepsilon}_n^p$ 和等效应力 σ 的分布规律
（a）$0°$方向上,在相对深度 $l/D=11\%$,沿着径向方向 $\bar{\varepsilon}_n^p$ 和 σ 的分布规律;
（b）$90°$方向上,在相对深度 $l/D=11\%$,沿着径向方向 $\bar{\varepsilon}_n^p$ 和 σ 的分布规律;

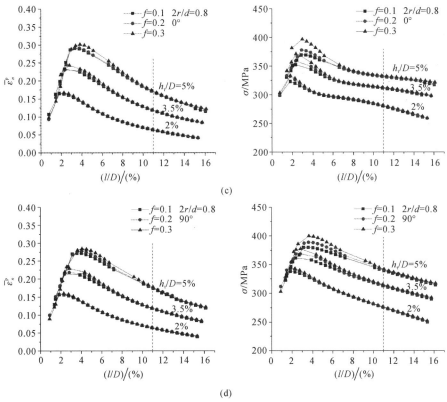

续图 2 - 9 Hill48 屈服准则模拟的球形压痕识别等效塑性应变 $\bar{\varepsilon}_n^p$ 和等效应力 σ 的分布规律

(c) $0°$ 方向上,在径向相对距离 $2r/d=0.8$,沿着深度方向 $\bar{\varepsilon}_n^p$ 和 σ 的分布规律;

(d) $90°$ 方向上,在径向相对距离 $2r/d=0.8$,沿着深度方向 $\bar{\varepsilon}_n^p$ 和 σ 的分布规律

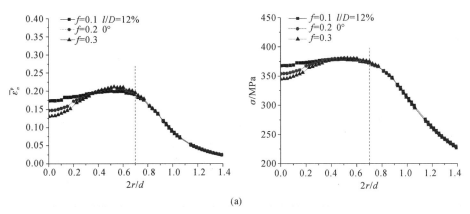

图 2 - 10 Yld91 屈服准则模拟的球形压痕识别等效塑性应变 $\bar{\varepsilon}_n^p$ 和等效应力 σ 的分布规律

(a) $0°$ 方向上,在相对深度 $l/D=12\%$,沿着径向方向 $\bar{\varepsilon}_n^p$ 和 σ 的分布规律;

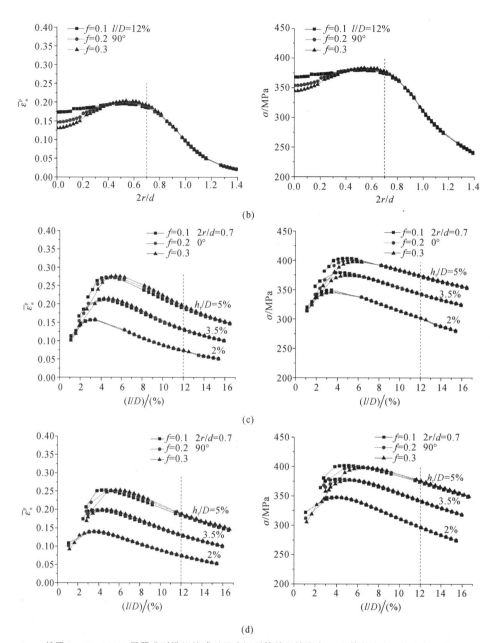

续图 2 - 10 Yld91 屈服准则模拟的球形压痕识别等效塑性应变 $\bar{\varepsilon}_n^p$ 和等效应力 σ 的分布规律

(b) 90°方向上，在相对深度 $l/D=12\%$，沿着径向方向 $\bar{\varepsilon}_n^p$ 和 σ 的分布规律；

(c) 0°方向上，在径向相对距离 $2r/d=0.7$，沿着深度方向 $\bar{\varepsilon}_n^p$ 和 σ 的分布规律；

(d) 90°方向上，在径向相对距离 $2r/d=0.7$，沿着深度方向 $\bar{\varepsilon}_n^p$ 和 σ 的分布规律

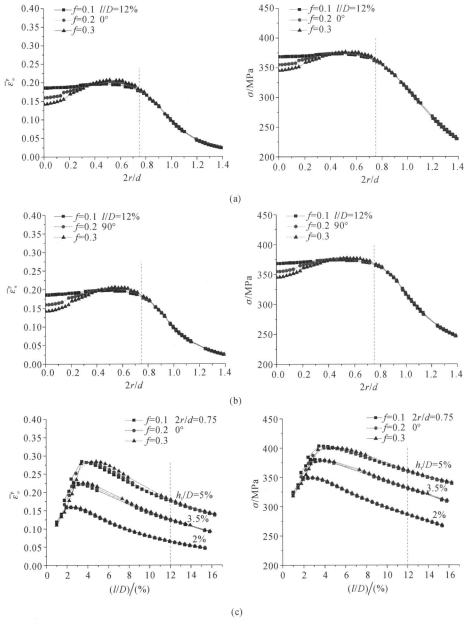

图 2-11　Yld2004 屈服准则模拟的球形压痕识别等效塑性应变 $\bar{\varepsilon}_n^p$ 和等效应力 σ 的分布规律

　　(a)0°方向上,在相对深度 $l/D=12\%$,沿着径向方向 $\bar{\varepsilon}_n^p$ 和 σ 的分布规律;

　　(b)90°方向上,在相对深度 $l/D=12\%$,沿着径向方向 $\bar{\varepsilon}_n^p$ 和 σ 的分布规律;

　　(c)0°方向上,在径向相对距离 $2r/d=0.75$,沿着深度方向 $\bar{\varepsilon}_n^p$ 和 σ 的分布规律;

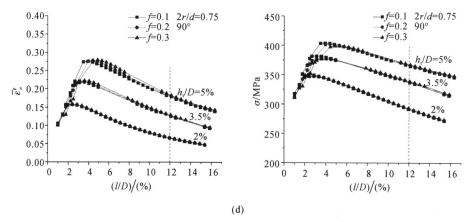

(d)

续图 2 – 11 Yld2004 屈服准则模拟的球形压痕识别等效塑性应变 $\bar{\varepsilon}_n^p$ 和等效应力 σ 的分布规律

(d)90°方向上,在径向相对距离 $2r/d = 0.75$,沿着深度方向 $\bar{\varepsilon}_n^p$ 和 σ 的分布规律

2.2.2 塑性各向异性的识别和验证

1. 等效塑性应变和等效应力的识别

基于 Hill48、嵌入的 Yld91 和 Yld2004 屈服准则本构模型的球形压痕有限元分析,用改进的压痕响应分析方法,确定新的理想点位置可信域,识别单向等效塑性应变、单向应力,用以确定应力-应变关系。由于理想点位置可信域既相对于接触半径,又相对于压头直径,并且综合考虑了各个方向上的关键因素,因而理想点位置在整体上具有代表性。为了进一步证明在新确定的理想点位置,等效塑性应变 $\bar{\varepsilon}_n^p$ 和等效应力 σ 不受摩擦滑移效应的影响,在压入过程中,对应不同的压入深度 h_t,分别识别 0°和 90°方向的等效塑性应变 $\bar{\varepsilon}_n^p$ 和等效应力 σ,并比较 0°和 90°方向识别的结果,研究它们是否受摩擦影响,及 0°和 90°方向之间的异性差异情况。图 2 – 12～图 2 – 14 分别是遵循 Hill48、Yld91 和 Yld2004 屈服准则的球形压痕在各自新确定的理想点位置、不同压入深度下 0°和 90°方向识别结果的比较。

由图 2 – 12～图 2 – 14 可以看出,在新的理想点位置,等效塑性应变 $\bar{\varepsilon}_n^p$ 和等效应力 σ 都不受摩擦影响。在压入一定的深度 h_t 以后,0°和 90°方向的曲线不重合,两个方向的识别结果存在差异,这正是各向异性的作用,如果材料是各向同性的,则两条曲线是重合的。

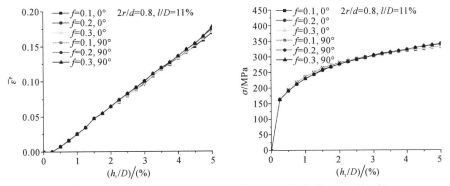

图 2－12　Hill48 屈服准则模拟的球形压痕 0°和 90°方向识别结果的比较

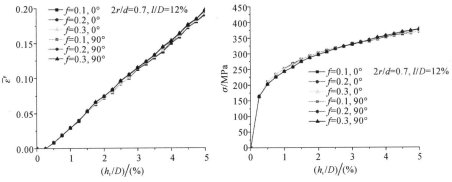

图 2－13　Yld91 屈服准则模拟的球形压痕 0°和 90°方向识别结果的比较

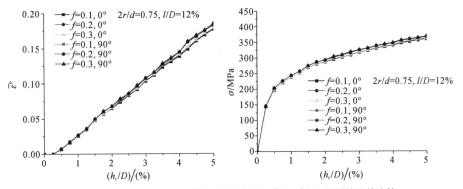

图 2－14　Yld2004 屈服准则模拟的球形压痕 0°和 90°方向识别结果的比较

2.各向异性的识别与实验验证

结合实际情况,球形压痕有限元模拟中摩擦因子 f 取 0.2 比较合适。在新的理想点位置,结合 Hollomon 法则,分别将由 Hill48 屈服准则和高级的 Yld91,Yld2004 屈服准则识别 0°(x 轴),15°,30°,45°,60°,75°,90°方向的等效应力-应变(σ-ε)曲线,与 Al6111 - T4 合金板材对应方向的单向实验结果进行比较,研究不同各向异性屈服准则对球形压痕识别塑性各向异性的敏感性和适应性,结果如图 2 - 15 所示。

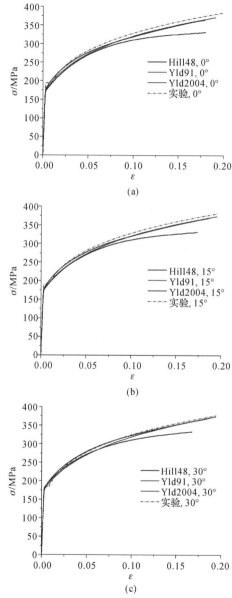

图 2 - 15 遵循不同屈服准则的球形压痕仿真识别出的不同方向的
σ - ε 曲线与对应方向的单向实验对比结果

(a) $0°$;(b) $15°$;(c) $30°$;

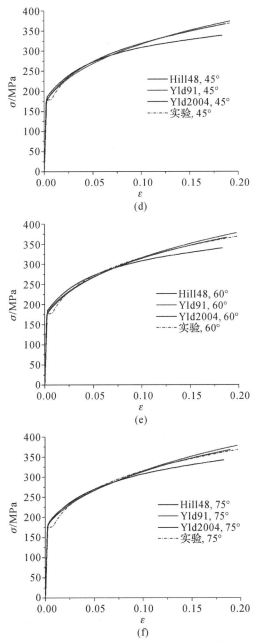

续图 2－15　遵循不同屈服准则的球形压痕仿真识别出的不同方向的
$\sigma-\varepsilon$ 曲线与对应方向的单向实验对比结果

（d）45°；（e）60°；（f）75°；

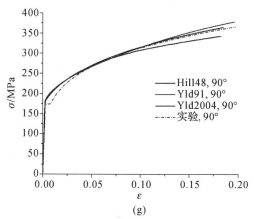

续图 2-15 遵循不同屈服准则的球形压痕仿真识别出的不同方向的

$\sigma-\varepsilon$ 曲线与对应方向的单向实验对比结果

(g) 90°

3. 分析结果与结论

本研究基于球形压痕有限元分析,用改进的理想点位置确定方法识别板材塑性各向异性,研究不同各向异性屈服准则的球形压痕有限元分析对识别结果的敏感性和适应性。由图 2-12~图 2-14 可以看出,用 Hill48、Yld91、Yld2004 屈服准则模拟的球形压痕识别出的等效塑性应变 $\bar{\varepsilon}_n^p$ 分别在相对压入深度 h_t/D 为 2.25%,1.75%,1.75% 时表现出各向异性。这说明,在压入深度 h_t 较小的情况下,用高级各向异性屈服准则 Yld2004,Yld91 模拟的球形压痕比遵循 Hill48 屈服准则能更敏感地识别材料异性,且识别的异性更明显,尤其是 Yld2004 屈服准则更是如此。根据关联流动法则[式(2-59)]和 UMAT 子程序可知,识别的等效塑性应变 $\bar{\varepsilon}_n^p$,与屈服条件 $F(\sigma,q)=\bar{\sigma}-\sigma_Y(\bar{\varepsilon}^p)$ 、一阶导数 $\frac{\partial\bar{\sigma}}{\partial\sigma_{ij}}$、二阶导数 $\frac{\partial^2\bar{\sigma}}{\partial\sigma_{ij}\partial\sigma_{kl}}$ 密切相关,它们直接取决于各向异性屈服准则。综合以上结果,说明 Yld2004,Yld91 屈服准则比 Hill48 屈服准则更适合表征压痕响应和识别塑性各向异性,尤其是 Yld2004 屈服准则更是如此。

由图 2-15 可知,当 $\varepsilon \approx 0.075$,相对压入深度 $h_t/D=2.25\%$ 时,对应于图 2-15(a),基于 Hill48 屈服准则模拟球形压痕识别的应力-应变($\sigma-\varepsilon$)曲线与单压实验曲线存在明显的差异,即当压入深度 h_t 达到某一值以后,应变不能很好地表征应力。基于高级屈服准则 Yld91,Yld2004 模拟球形压痕识别的应力-应变($\sigma-\varepsilon$)曲线,整体上与单压实验保持很好的一致性,且 Yld2004 屈服准则略优于 Yld91。这些都说明,在大应变的情况下,基于高级屈服准则模拟球形压痕识别塑性各向异性更合适、更有效。

总而言之,基于高级屈服准则模拟的球形压痕有限元分析更适合表征和识别各向异性性能。对于 Yld2004 屈服准则,得到它的各向异性系数对实验设备条件要求较高,需要很多实验数据,尤其是 σ_b 和 r_b 不易得到,且求解过程更为复杂,但是用它研究球形压痕能更好地表征球形压痕响应和识别塑性各向异性。因此,在实验条件允许的情况下,更倾向于选择 Yld2004 屈服准则模拟球形压痕,进行有限元分析,以表征压痕响应,识别塑性各向异性。

第3章

采用压痕轮廓响应的材料弹塑性参数识别

采用压痕测试方法来获取钣金材料的弹塑性力学性能具有传统单轴拉伸、压缩及扭转等测试方法所不具备的优势。当前,国内外学者已经建立了许多基于压痕测试来获取金属材料力学性能的方法。在这些现有方法中,研究者们多选取压痕的载荷-位移关系曲线作为参数识别中有效的材料压痕实验响应特征。然而,诸多研究表明,在压痕实验中,准确获取材料压痕响应的加载和卸载载荷-位移关系曲线并不是一件非常容易的事。一方面,这需要考虑到在实验过程中压头以及机架的变形所带来的位移测量误差。压头及机架的变形将可能会极大地影响测量所得压痕 $P-h$ 曲线的准确性。此外,在一些文献的研究中,将压痕仿真中的压头定义为刚体,而实验中所用到的压头则为变形体。另一方面,一些现有文献的研究表明,具有不同弹塑性力学性能的材料可能会对应着非常一致的压痕 $P-h$ 曲线。在文献中,Lee 等人提出了一个方法来通过球形压痕 $P-h$ 曲线获取材料的弹塑性力学性能参数。其中,所定义的最大压痕深度 h_{max}/R 为 0.12,并且认为该加载深度已经能够唯一地识别球形压痕的 $P-h$ 曲线。然而,Lee 等人在后续的研究工作中再次发现,该压痕深度下,同样存在一些具有不同弹塑性性能的材料表现出了难以分辨的压痕 $P-h$ 曲线。压痕深度 h_{max}/R 为 0.12 时不足以唯一识别这些材料的力学性能参数。因此,Lee 等人选取了更深的压痕深度,即 $h_{max}/R=$ 0.4,试图采用更大深度的球形压痕加载 $P-h$ 曲线唯一地识别材料的弹塑性力学性能参数。然而,Lee 等人在研究中并未证明压痕深度 $h_{max}/R=$ 0.4 是否能够完全解决参数识别的唯一性问题。此外,在更大的压痕加载深度条件下,由压头以及机架变形所引起的测量误差将会更为明显。

对于仅通过压痕曲线识别材料弹塑性参数时所存在的不唯一性问题，一些研究学者提出在反分析中引入压痕轮廓的响应量作为额外的实验信息。Moy 等人通过对压痕载荷-位移关系曲线与残留压痕轮廓凸起之间进行合理加权，成功地解决了 Al2024 铝合金材料弹塑性参数识别的唯一性问题。该方法需要在压痕实验中同时准确地测量压痕的加载卸载 $P-h$ 曲线以及压痕卸载残留轮廓的凸起值。然而，压痕 $P-h$ 曲线和残留轮廓凸起值并不在一个水平，这使得对两个测量量很难合理地进行加权。此外，实验测量所得压痕残留轮廓形貌的接触边缘并没有非常明显的边界，因此很难准确测定材料压痕轮廓的凸起和凹陷值。

综上所述，在压痕实验中，卸载残留在试件表面的整个压痕轮廓对于材料弹塑性参数识别具有重要意义。一方面，它可以有效避免对于压痕 $P-h$ 曲线的准确测量，且不用考虑由于压头或机架变形所引入的测量误差，也避免了实验测量压痕形貌凸起/凹陷值的不准确性问题。另一方面，压痕卸载残留在试件表面的整个形貌包含了丰富的材料力学响应信息。其凸起/凹陷的轮廓形状与材料硬化特征密切相关，且压痕接触半径尺寸与压痕实验的加载力共同决定了材料的硬度属性。在本章中，对 2099-T83 铝锂合金弹塑性力学性能参数识别问题，基于正交分解数值方法，仅通过分析压痕实验中卸载残留压痕形貌的实验信息来获取被测试材料的弹塑性力学性能。同时，对参数识别中的唯一性问题和对实验误差的敏感性进行深入分析。

此外，现有采用压痕形貌识别材料塑性参数研究只考虑了最为简单的一种情况，即所选取的研究对象为均质的各向同性材料。然而，在工程实际中，一些材料由于其特殊的加工变形历史及组织织构等原因而表现出较强的各向异性性能，如轧制板材、挤压型材以及一些纤维增强金属基复合材料等。因此，有必要针对这些材料的各向异性特征，研究采用压痕测试方法来获取材料的各向异性塑性性能参数。

相对于各向同性材料而言，各向异性材料具有更多的力学参数和更为复杂的本构方程，从而使得采用压痕测试方法来获取其各向异性性能参数更具有挑战性和研究价值。通过回顾现有针对采用压痕测试方法识别各向异性材料性能参数的研究，可以发现，在现有文献的研究工作中，均将压痕载荷-位移关系曲线作为必须的实验信息，如 Nakamura 和 Gu 所做的工作。还有一些研究工作则同时考虑压痕的载荷-位移关系曲线以及压痕卸载残留形貌信息来进行参数识别研究。显然，采用压痕轮廓进行材料参数识别具有一定的实验便利性。当前，仅采用压痕轮廓信息来识别材料塑性各向异性性能参数的研究尚不足。如果能够实现仅通过分析压痕轮廓响应特征来获得材料的正交塑性性能参数，则非常有意义。

在本章中，将进一步针对各向异性材料残留压痕轮廓响应的特点，建立仅通过分析压痕轮廓响应信息来反推材料各向异性塑性参数的数值方法，并对参数识别的唯一性及敏感性等问题进行深入讨论。

|3.1 基于压痕轮廓响应的各向同性参数识别|

3.1.1 材料及压痕实验

1.试样准备

选取研究的材料为 2099 - T83 铝锂合金。铝锂合金由于其高模量/强度、低密度等优良物理性能在航空航天领域得到了广泛的应用。该材料的化学成分见表 3 - 1。首先通过单轴拉伸实验来确定材料 2099 - T83 的弹塑性力学性能参数，以便于后面通过压痕测试及反分析所得到的材料力学性能能够有可比较性。

单向拉伸实验在 CSS - 44100 万用试验机上进行，如图 3 - 1 所示。试件尺寸按照国家标准《金属材料 室温拉伸试验方法》(GB/T 228—2002) 的非标准件进行设计。其中，试样的标距为 50mm。对于通过单轴实验获得的力-位移曲线，将其转换为材料的真实应力-应变关系曲线，如图 3 - 2 所示。

表 3 - 1 2099 - T83 铝锂合金的化学成分

化学元素	Li	Cu	Mg	Zr	Zn	Mn	Al
质量分数/（%）	1.8	0.3	2.7	0.08	0.7	0.3	其余

图 3 - 1   CSS - 44100 万能试验机

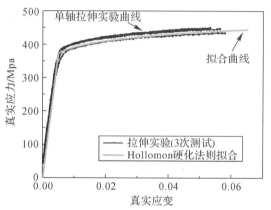

图 3 - 2   2099 - T83 铝锂合金真实应力-应变曲线

选用 Hollomon 硬化法则对 2099 - T83 材料的真实应力-应变关系曲线进行拟合,可以得到材料的 Hollomon 硬化法则相关参数(见表 3 - 2)。Hollomon 应变硬化塑性模型的幂指数表达式能够用于描述大部分金属合金在单轴作用下的应力-应变关系,表示为

$$\sigma = \begin{cases} E\varepsilon, \varepsilon < \varepsilon_y \\ K\varepsilon^n, \varepsilon \geqslant \varepsilon_y \end{cases} \qquad (3-1)$$

其中,E 为弹性模量;n 为应变硬化指数;K 为强度系数,且 $K = E^n \sigma_y^{1-n}$,σ_y 为屈服应力。Hollomon 硬化模型由于表达形式简单,且仅涉及两个独立塑性参数 σ_y 和 n,而在压痕问题研究中得到了广泛的应用。

表 3 - 2 2099 - T83 铝锂合金材料的单轴拉伸力学性能参数

材　料	E/GPa	σ_y/MPa	n
铝锂合金	77.68	372.60	0.067 8

2. 压痕实验及结果

实验只需要获取 2099 - T83 铝锂合金的球形压痕卸载残留形貌信息。球形压痕实验可以在布氏硬度计上进行。实验仪器如图 3 - 3(a)所示，实验在室温下进行。压头为碳化钨刚性压头，半径 R 为 1.25 mm。通过线切割在 2099 - T83 铝锂合金 T 型材上切割出长 10 mm、宽 10 mm、厚度 3mm 的试件。采用砂纸将试件表面进行抛光处理，获得平整光滑的表面，以减少试件表面粗糙度对实验结果的影响。在压痕实验中，压头垂直向下运动穿透试件表面直到预先设定的加载力，保持载荷 15 s，然后再逐渐卸载。

压痕实验结束后，被测试试件表面将残留下压痕轮廓。采用三维共聚焦显微镜(OSL 4000)获取残留在试件表面压痕轮廓的形貌信息。该设备如图 3 - 3(b)所示。在实验中，选取了一大一小两个不同的压痕实验力，分别定义为 Load - 1(612.745 N)和 Load - 2(1 838.235 N)。这两个实验力的大小相差比较大，这样就可以用于分析采用不同压痕力作用下压痕轮廓对于材料弹塑性参数识别结果唯一性的影响。

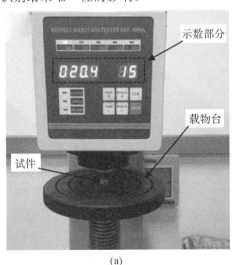
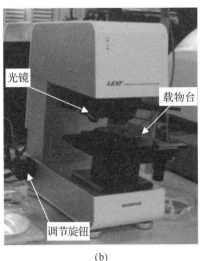

(a)　　　　　　　　　　　　　　　(b)

图 3 - 3　实验仪器与设备

(a)布氏硬度计；(b)OSL 4000 激光共聚焦显微镜

图 3 - 4 所示为压痕实验结束后残留在试件表面的球形压痕轮廓。在图上,标记了两个不同压痕力作用下对应压痕轮廓的位置。

图 3 - 5 所示为三维共聚焦显微镜测试所得压痕三维轮廓形貌图。压痕加载力 Load - 1 和 Load - 2 作用下的压痕轮廓形貌分别对应于图 3 - 5(a)(b)。图 3 - 5(c)所示为在两个不同作用力下压痕轮廓的二维形貌。可以看出,2099 - T83 铝锂合金材料在球形压痕的作用下发生了

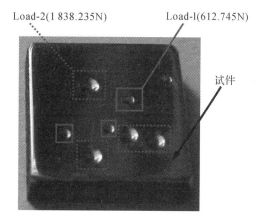

图 3 - 4 压痕试件及残留压痕轮廓

凸起现象。在较大压痕力(Load - 2)的作用下,凸起现象更为明显。此外,在两个压痕力 Load - 1 和 Load - 2 的作用下,残留压痕深度与压头半径的比值 h_f/R 分别为 0.041 5 和 0.123。可以看出,在选取的较小压痕力 Load - 1 作用下产生的压痕深度是非常小的,而较大压痕力对应的压痕深度比较大。同时,两者差别非常明显,在后续参数识别研究中能够提供比较性。

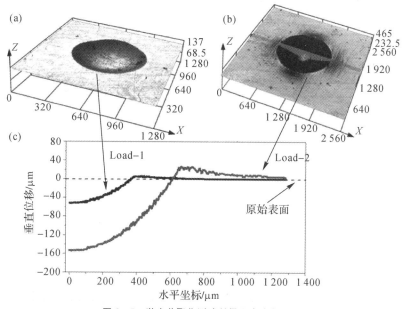

图 3 - 5 激光共聚焦测试所得压痕残留形貌

(a)压痕力为 612.745 N 时的三维形貌;(b)压痕力为 1 838.235 N 时的三维形貌;

(c)两个不同作用力下的二维压痕轮廓

3.1.2 基于压痕轮廓的材料弹塑性参数识别方法

1. 正交分解算法构建

在残余压痕轮廓形状上,所能直接提取的材料变形特征仅有两个量,即残余压痕深度和凸起/凹陷值,如图 3-5 所示。然而,仅采用这两个变形特征量来进行材料弹性模量、屈服应力及硬化指数三个参数的识别显然是不够的。因此,有必要在参数识别反分析中考虑更多的材料变形特征。在研究中,将整个压痕轮廓的变形形状作为有效的压痕响应数据用于材料弹塑性参数的识别。值得注意的是,球形压痕作用所产生的压痕轮廓呈现出不规则的形状,难以采用一定的关系式进行参数化描述。对此,在研究中采用正交分解(Proper Orthogonal Decomposition,POD)算法,结合一系列压痕有限元仿真建立压痕轮廓快照的子空间,并在子空间中建立用于材料弹塑性参数识别的目标函数。通过采用正交分解算法,能够有效捕捉在预定义本构模型下材料的压痕轮廓变形特征,并合理建立起材料本构参数与压痕响应量之间的平滑映射关系。现将具体过程描述如下。

将压头卸载后在试件表面残留下的压痕轮廓的形状快照表示为向量 S_i^j。该向量中的各个值分别表示二维压痕形貌节点上的垂直位移量,该向量也称为压痕轮廓快照。由于在单个试件的压痕实验及仿真中考虑采用多个不同压痕力的作用,向量 S_i^j 的上下标 i 和 j 分别表示第 i 个材料在第 j 个压痕力作用下的轮廓快照结果。因此,向量 $S_i^j \in \mathbf{R}^n$,其中 n 表示压痕轮廓快照上节点的个数,也同样为向量 S_i^j 的维数。在通过正交分解算法构建压痕轮廓快照对应子空间时,需要依据预先设定材料本构下 N 组不同参数组合进行有限元仿真计算,以获得轮廓快照数据。在这里,第 i 个材料表示这 N 组不同参数组合中的第 i 个组合结果。

在球形压痕实验中,线性加权被测试材料在若干个不同压痕力作用下的压痕轮廓快照,所得到的加权轮廓快照可以表示为

$$S_{\text{weight}}^i = \frac{1}{M} \sum_{j=1}^{M} \lambda_j S_i^j, \quad j=1,2,\cdots,M \tag{3-2}$$

其中,M 表示在压痕实验(或仿真)中所采用的不同压痕力的个数。权重轮廓快照 S_{weight}^i 表示任意第 i 个材料在 M 个不同压痕力作用下的轮廓快照的线性加权量,也称为权重轮廓快照,其中 λ_j 是对应于第 j 个压痕力作用下压痕轮廓的权重系数。通过式(3-2),可以在一次计算中考虑多个不同压痕力作用下的压痕轮廓形貌信息。

压痕轮廓快照的形状本质上是由材料的固有本构法则 $c^*(c_1, c_2, \cdots, c_l)$ 所决定的,其中 c^* 表示被测试材料的本构法则,l 是该本构法则中所包含的材料参数的总个数,c_i 表示被测试材料本构法则中的每一个材料参数,且 $1 \leqslant i \leqslant l$。权重轮廓快照的平均向量可以表示为

$$\bar{S} = \frac{1}{N} \sum_{i=1}^{N} S_{\text{weight}}^{i} = \frac{1}{NM} \sum_{i=1}^{N} \sum_{j=1}^{M} \lambda_j S_i^{j} \qquad (3-3)$$

其中,轮廓快照 $S_1^i, S_2^j, \cdots, S_N^i$ 通过 N 个给定材料 $c_1^*, c_2^*, \cdots, c_N^*$ 在第 j 个既定压痕力作用下数值仿真所得。S_{weight}^{i} 表示第 i 个材料在 M 个不同压痕力作用下的权重轮廓快照。向量 $\bar{S}$ 表示为这 N 个给定材料在 M 个不同压痕力作用下对应权重轮廓快照 S_{weight}^{i} 的平均轮廓快照量。相应的中心权重轮廓快照保存在矩阵 S 中,表示为

$$S = [S_{\text{weight}}^{1} - \bar{S} \quad S_{\text{weight}}^{2} - \bar{S} \quad S_{\text{weight}}^{3} - \bar{S} \quad \cdots \quad S_{\text{weight}}^{N} - \bar{S}] \qquad (3-4)$$

中心权重轮廓快照的相应协方差矩阵表示为 SS^{T}。对矩阵 S 进行奇异值分解可以得到

$$S = UDV^{\mathrm{T}} \qquad (3-5)$$

其中,U 和 V 酉矩阵,且 $U \in \mathbf{R}^{n \times n}$,$U^{\mathrm{T}}U = I$,$V \in \mathbf{R}^{N \times N}$ 且 $V^{\mathrm{T}}V = I$。U 是协方差矩阵 SS^{T} 的特征向量矩阵。D 为对角矩阵,包含着矩阵 S 的奇异值。此外,将矩阵 U 中的每一列定义为 U_i,且 $U = [U_1 \ U_2 \cdots U_N]$。将向量 α_i 中第 j 个序列值表示为 α_{ij}。每一个权重轮廓快照 S_{weight}^{i} 可以通过下式重建:

$$S_{\text{weight}}^{i} = \bar{S} + U\alpha_i = \bar{S} + \sum_{j=1}^{N} U_j \alpha_{ij} \qquad (3-6)$$

在式(3-6)中,矩阵 U 中的每一列 U_i 作为轮廓快照 S 的正交基,并且该正交基用于重建矩阵 S 中的每一列。在标准的正交分解算法中,式(3-4)中心权重矩阵 S 的构造代表着最小均方误差意义下的正交变换,更多关于该方面的知识可以参考相关文献。向量 α_i 表示权重轮廓快照 S_{weight}^{i} 在该正交基中的坐标向量。因此,坐标向量 α_i 可以表示为

$$\alpha_i = U^{\mathrm{T}}(S_{\text{weight}}^{i} - \bar{S}) \qquad (3-7)$$

相似地,向量 α_i 中每一个数值 α_{ij} 可以表示为

$$\alpha_{ij} = U_j^{\mathrm{T}}(S_{\text{weight}}^{i} - \bar{S}) \qquad (3-8)$$

式(3-7)和式(3-8)本质上表示了轮廓快照和其在所构建的正交基中坐标的关系。同样,依据式(3-7)将压痕实验轮廓权重快照 $S_{\text{weight}}^{\text{exp}}$ 投影到所建立的正交子空间中,可以表示为

$$\alpha^{\text{exp}} = U^{\mathrm{T}}(S_{\text{weight}}^{\text{exp}} - \bar{S}) \qquad (3-9)$$

其中，$\boldsymbol{\alpha}^{\mathrm{exp}}$ 表示将实验轮廓快照 $\boldsymbol{S}_{\mathrm{weight}}^{\mathrm{exp}}$ 投影到所构建正交基中的坐标向量。接下来，在所建立正交子空间中构建用于优化求解材料性能参数的目标函数，表示为

$$\omega(c^*)=[\boldsymbol{\alpha}(c^*)-\boldsymbol{\alpha}^{\mathrm{exp}}]^{\mathrm{T}}[\boldsymbol{\alpha}(c^*)-\boldsymbol{\alpha}^{\mathrm{exp}}] \qquad (3-10)$$

其中，$\omega(c^*)$ 表示为实验和仿真轮廓在压痕轮廓形状快照子空间中投影坐标之间的误差。$\boldsymbol{\alpha}(c^*)$ 表示在正交基中仿真轮廓快照所对应的坐标向量；而 $\boldsymbol{\alpha}^{\mathrm{exp}}$ 则表示将实验轮廓快照 $\boldsymbol{S}_{\mathrm{weight}}^{\mathrm{exp}}$ 投影到所构建正交基中的坐标向量，如式(3-9)中所示；向量 c^* 中包含着待求解的被测试材料未知弹塑性力学性能参数，需要通过优化求解式(3-10)而得到。值得注意的是，在式(3-10)中，没有将压痕实验和仿真轮廓快照之间的直接误差用于构造目标函数，而是考虑首先采用正交分解算法构造压痕轮廓快照的子空间，并在子空间中依据压痕实验与仿真轮廓快照子空间坐标表示系数之间的误差建立用于参数识别的目标函数。通过正交变换，能够实现材料本构参数与压痕响应在子空间中的平滑映射，有助于参数识别反分析问题的优化求解。此外，值得注意的是，在正交分解算法中，对特征向量 $\boldsymbol{U}$ 中的正交基进行截断，也就是仅取特征向量中部分较大特征值对应特征向量参与计算，将能够有效提高计算效率，然而这也同时可能降低计算的精度。为了保证在参数识别中取得较高的计算准确性，以更加可靠地研究所建立参数识别方法的稳定性，在计算中采用全基不截断。

2. 材料参数反推算法

为了求解式(3-10)中的未知参数，采用"Interior-point"约束优化算法对式(3-10)中优化问题进行计算求解。该优化算法使用方便，在这里作简单描述。由于被测试材料性能参数总是位于一定边界范围以内，所以式(3-10)中所描述的是一类约束优化问题，可以表示为

$$\min_{c^*,s}\omega(c^*)\ ,\mathrm{subject\ to}\ \boldsymbol{g}_I(c^*)-\boldsymbol{q}=0\ ,\boldsymbol{q}\geqslant0 \qquad (3-11)$$

其中，$\boldsymbol{g}_I(c^*)$ 源于构建标量函数 $\boldsymbol{g}_i(c^*)$，$i=1,2,\cdots,m$ 且 $i\in I$。m 是不等约束的数量。向量 $\boldsymbol{q}$ 是一个松弛变量，可用于将不等式约束转换为等式约束。Karush-Kuhn-Tucker (KTT)方程被用于最优条件，表示为

$$\nabla_{c^*}L(c^*,\boldsymbol{\lambda})=\nabla_{c^*}\omega(c^*)+\boldsymbol{J}_g^{\mathrm{T}}(c^*)\boldsymbol{\lambda}=0\ ,\boldsymbol{Q\lambda}-\mu\boldsymbol{e}=0\ ,\boldsymbol{g}_I(c^*)-\boldsymbol{q}=0 \qquad (3-12\mathrm{a})$$

且

$$\mu=0\ ,\boldsymbol{q}\geqslant0\ ,\boldsymbol{\lambda}\geqslant0 \qquad (3-12\mathrm{b})$$

在式(3-12a)中，$\boldsymbol{J}_g$ 是函数 $\boldsymbol{g}_I(c^*)$ 的雅各比矩阵；$\boldsymbol{\lambda}$ 是拉格朗日乘子向量，且它与约束 $\boldsymbol{g}$ 相关；$\boldsymbol{Q}$ 是对角矩阵，其主对角值存储在向量 $\boldsymbol{q}$ 中，且 $\boldsymbol{e}=[1\ 1\ \cdots\ 1]^{\mathrm{T}}$。对于每一个 $\mu>0$，式(3-11)中的近似问题可以描述为

$$\min_{c^*,q} \omega_\mu(c^*,q) = \min_{c^*,q} \omega(c^*) - \mu \sum_i^m \ln(q_i) \ , \quad 且 \ g_i(c^*) - q = 0 \ (3-13)$$

其中,向量 q_i 必须限制为正值以保证 $\ln(q_i)$ 值有界限。当 μ 逐渐下降为零时,$\omega_\mu(c^*,q)$ 的最小值必须接近于函数 $\omega(c^*)$ 的最小值。因此,式(3-10)中描述的近似问题变成了一系列等式约束优化问题。要求解这个近似问题,"Interior-point"优化算法采用一个直接步或者一个共轭梯度(CG)步骤。在每次迭代计算过程中,这个算法通过减少价值函数

$$f_\mu(c^*,q) + \nu \| g(c^*) - q \| \tag{3-14}$$

(其中,参数 ν 也许会随着迭代数目增加)以迫使解趋近于可行。如果一个尝试步并没有降低价值函数,这个算法将会中断当前步骤并采用一个新的迭代步。默认情况下,该算法首先考虑使用直接步。在该步骤中,Quasi-Newton(BFGS)方法被用于提供海塞矩阵和下降步。直接步 $(\Delta c^*, \Delta q)$ 定义在下式中,将采用一个线性拉格朗日直接求解 KTT 方程:

$$\begin{bmatrix} H & 0 & 0 & J_g^{\mathrm{T}} \\ 0 & Q\Lambda & 0 & -Q \\ 0 & 0 & I & 0 \\ J_g & -Q & 0 & I \end{bmatrix} \begin{bmatrix} \Delta x \\ \Delta q \\ -\Delta y \\ -\Delta \lambda \end{bmatrix} = - \begin{bmatrix} \nabla f - J_g^{\mathrm{T}}\lambda \\ Q\lambda - \mu e \\ 0 \\ g + q \end{bmatrix} \tag{3-15}$$

为求解式(3-15),将采用矩阵的 LDL 因式分解,并且它将决定所投影的海塞矩阵是否正定。如果非正定,在迭代计算中将采用共轭梯度迭代步。在这种情形下,c^* 和 q 都将被用于调整松弛变量 q,使其为正。这个算法通过近似求解 KKT 方程来获取拉格朗日乘子。从最小二乘的意义上讲,使 λ 为正。然后,通过近似求解下面两式来确定步 $(\Delta c^*, \Delta q)$:

$$\min_{\Delta c^*,\Delta q} \nabla \omega^{\mathrm{T}} \Delta c^* + \frac{1}{2} \Delta c^{*\mathrm{T}} \nabla_{c^*}^2 L \Delta c^* + \mu e^{\mathrm{T}} Q^{-1} \Delta q + \frac{1}{2} \Delta q^{\mathrm{T}} Q^{-1} \Lambda \Delta q$$

$$\tag{3-16a}$$

$$g(c^*) + J_g \Delta c^* + \Delta q = 0 \tag{3-16b}$$

为求解式(3-16),该算法尝试在半径为 R 的区域最小化一个线性约束的范数。然后,式(3-16a)可以通过其约束来匹配式(3-16b)求解的残差,且在半径为 R 的信赖域中,保持 q 严格为正。值得注意的是,在采用该算法进行参数识别约束优化的求解时,初始估计向量 c^* 必须位于约束边界以内。在研究中,当 $L(c^*,\lambda)$ 的变化小于 $\varepsilon_{\mathrm{thr}}$ 时,迭代收敛,且 $\varepsilon_{\mathrm{thr}}$ 取值为 1×10^{-3}。更多关于"Interior-point"优化算法的知识可以参考相关文献。

3. 球形压痕仿真及参数化分析

采用遵循 J_2 相关流动法则的大变形有限元来描述各向同性材料球形压痕弹塑性接触问题。有限元建模及仿真在 ABAQUS 商用有限元软件中完成。

ABAQUS 软件提供了 ABAQUS/Standard 和 ABAQUS/Explicit 两个分析模块。其中,ABAQUS/Standard 是一个通用分析模块,可以用来求解线性问题和复杂的非线性问题,而 ABAQUS/Explicit 则一般用于求解动态过程问题,如爆炸、冲击等短暂的动态事件。在本研究中,由于压痕的加载和卸载可以看作是准静态过程,将选取 ABAQUS/Standard 求解器进行压痕有限元数值模拟。

考虑到压头和试件的轴对称几何和材料属性,在数值模拟中建立轴对称的有限元数值模型。有限元模型、网格和边界条件如图 3-6 所示。其中,压头半径为 1.25 mm。将压头定义为可变形体,其弹性模量为 600 GPa,泊松比为 0.23。对压头和试件局部接触区域网格进行加密,以提高对主要变形区仿真结果描述的精确性。试件的高和半径定义为 4 mm,这个尺寸足够大,以避免远边界条件对于仿真结果的影响。压头和试件均采用 CAX4R 单元。试件的单元数目为 14 060 个,压头的单元数目为 3 693 个。压头和试件接触表面摩擦因数定义为 0.1。在压痕问题研究中,摩擦一般被认为是一个很小的因素。将试件的泊松比定义为 0.3。试件底部的位移采用固定约束,对试件中轴施加轴对称约束。压头约束定义为仅允许竖直运动,且采用力控制模式,逐渐加载到预定的最大压痕力 P_{max},然后再逐渐卸载。

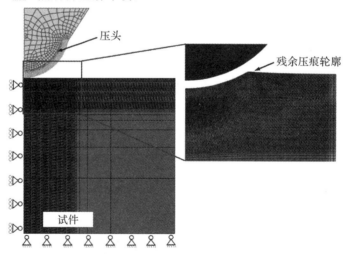

图 3-6　球形压痕仿真有限元模型、网格和边界条件

图 3-7 所示为仿真所得材料在压痕作用下的应力和应变的分布云图。图 3-8 所示为压痕加载状态下的材料垂直位移分布云图。在这里,用于仿真计算的材料弹塑性参数:弹性模量 E 为 100 GPa,屈服应力 σ_y 为 200 MPa,应变硬化指数 n 为 0.10。从图 3-7 和图 3-8 中可以看出,所建立有限元仿真结果收敛性比较好。在压痕作用下,最大应力分布位于压头正下方位置,而最大应变分布则位于压头与试件的接触边缘位置。在图 3-8 中,材料发生了轻微的凸起现象。

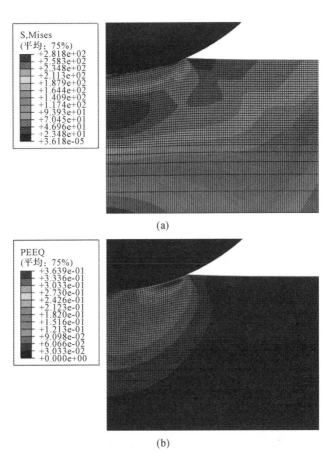

(a)

(b)

图 3 - 7 球形压痕仿真结果云图(卸载状态下)

(a)应力分布;(b)应变分布

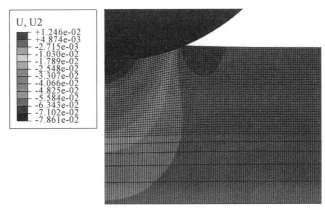

图 3 - 8 球形压痕仿真垂直位移分布云图(加载状态下)

由于仅考虑采用压痕卸载残留轮廓形貌进行材料的弹塑性参数识别，所以这里将仅对压痕力和材料弹塑性参数对卸载残留压痕轮廓快照形状的影响进行分析。图 3-9 所示为塑性参数 E/σ_y 和硬化指数 n 对压痕残留轮廓形状的影响。可以看出，在同一压痕力的作用下（$P_{max} = 612.745$ N），压痕轮廓形状对应变硬化指数和屈服应变均非常敏感，并且，硬化指数越小、屈服应变越大的材料，将表现出更为明显的凸起现象。

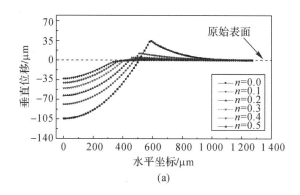

(a)

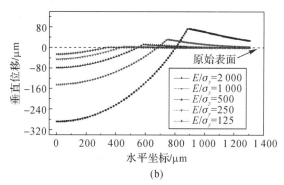

(b)

图 3-9　压痕轮廓形状的参数化分析

（a）n 的变化对压痕轮廓快照的影响；

（b）E/σ_y 的变化对压痕轮廓快照的影响（$P_{max} = 612.745$N）

图 3-10 所示为在不同压痕加载力作用下卸载残留压痕轮廓形状的变化。在这里，所选取的压痕力变化范围为 $61.270 \sim 1\,838.235$ N。从图 3-10 中可以看出，压痕力越大，压痕轮廓的残余深度越深，并且凸起现象将越来越明显。可见，卸载残留在试件表面的整个轮廓形状快照对材料弹塑性参数识别是重要的响应信息。

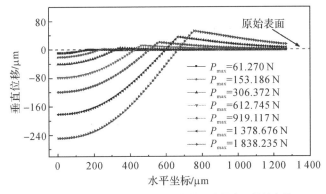

图 3 - 10　在不同压痕力作用下卸载压痕轮廓形状的变化

4. 实验数据平滑处理

在进行压痕轮廓形貌的实验测量时,由于试件表面粗糙度以及测试噪声等因素的存在,通过共聚焦显微测试所得压痕轮廓数据存在一定的噪声。为了降低实验数据的噪声波动,提高实验数据的可靠性,首先采用"邻域平均(Adjacent-Averaging,AAv)"的信号处理办法对实验数据进行平滑处理。该信号处理办法非常灵活简便,其数据平滑处理过程为:用所选取移动窗口中邻近数据的平均值来取代每一个数据点,将输入实验数据点表示为 $\{f_i \mid i = 1, 2, \cdots, N\}$,经过平滑的输出数据表示为 $\{g_i \mid i = 1, 2, \cdots, N\}$,那么平滑后的输出数据通过下式计算得到:

$$g_i = \frac{\sum f_m}{\mathrm{npts}}, \text{且 } \{f_m \mid i - \mathrm{floor(npts/2)} < m < i + \mathrm{floor(npts/2)}\}$$

(3 - 17)

其中,npts 表示移动窗口中的数据点数;floor 表示"向下取整"功能函数。因此,合理选择这个移动窗口中的点数(npts 值)就能够获得较好的平滑数据输出。图 3 - 11 所示是在两种不同压痕力作用下,且通过不同 npts 值平滑处理所得的压痕轮廓形貌。

从图 3 - 11 中可以看出,这种"邻域平均"信号处理方法能够很好地降低压痕轮廓实验测量噪声。此外,npts 值取 20 时,对于两种不同压痕力作用下的实验轮廓均能够给出较好的数据平滑处理结果。另一个值得注意的问题是,通过实验所得压痕轮廓快照节点和通过仿真所得压痕轮廓快照节点本身是不兼容的。为了解决这个问题,首先采用 3 次 B 样条曲线对实验轮廓进行插值拟合,并针对仿真所得压痕轮廓水平节点坐标对压痕轮廓形状快照进行重现,从而使压痕仿真和实验轮廓节点上垂直位移量相匹配。这种 3 次 B 样条曲线在信号处理和数据拟合中经常用到。

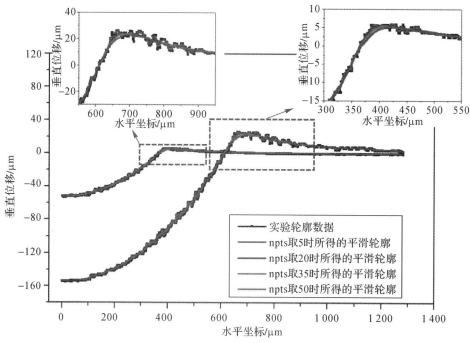

图 3-11　通过"邻域平均"方法平滑处理所得压痕实验轮廓

3.1.3　参数识别结果及讨论

1. 参数识别结果

采用所建立的参数识别方法,结合压痕实验来识别被测试 2099-T83 铝锂合金材料的弹性模量 E、屈服应力 σ_y 及应变硬化指数 n 值。在进行材料参数识别研究中,所确定的材料参数边界约束范围为:30 GPa$\leqslant E\leqslant$110 GPa,280 MPa$\leqslant \sigma_y\leqslant$460 MPa 且 0.005$\leqslant n\leqslant$0.125。考虑到式(3-10)中目标函数本身的非线性且非凸特性,将所选取材料参数约束区间边缘的 8 个交叉点作为初始迭代点的取值,以避免迭代点落入局部最小值。在开始进行参数识别时,将考虑到两种不同的情形以深入研究材料参数识别的唯一性问题。在第一种情形(情形一)中,分别采用在较小压痕力 Load-1(612.745 N)和较大压痕力 Load-2(1 838.235 N)单独作用下所获得的压痕残留轮廓来进行 2099-T83 材料弹塑性参数的识别,并对不同压痕力下参数识别结果进行比较和分析。在第二种情形(情形二)中,在上述两种不同压痕力作用下的压痕轮廓将被合理地加权,并被考虑到参数识别过程中。图 3-12 所示为一系列不同材料参数组合经有限元计算所得压痕仿真轮廓快照序列。此处,仅将在较大压痕力作用下的结果进行列举(在较大压痕力 Load-2 下对应于向量 S_i^l,$i=1,2,\cdots,N$)。在较小压痕力下的结果类似,不额外展示。基于在所选取参数范围内一系列压痕仿真轮廓快照,依据正交分解算法建立压痕轮廓快照的子空间及对应子空间中的目标函数。

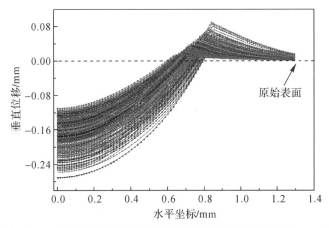

图 3-12 一系列不同材料参数组合的压痕仿真轮廓快照(压痕力 Load-2)

图 3-13 所示为依据式(3-3)计算所得在两个压痕力作用下一系列材料的压痕权重轮廓快照的平均量 $\bar{S}$。从图 3-13 中可以看出,在两个压痕作用力下权重轮廓快照平均量 $\bar{S}$ 的形状显然不同于原本单个压痕力作用下对应轮廓快照平均量的形状,并且,加权所得权重轮廓快照的平均量 $\bar{S}$ 相比于原本轮廓形状而言,一些特征参数发生了变化,如接触深度、残余压痕深度等。可见,加权所得轮廓快照包含更多材料力学响应信息。

图 3-14 所示为基于正交分解算法及一系列有限元仿真轮廓所构建的压痕轮廓子空间坐标系数展示。为了可视化目的,仅对子空间坐标 $\boldsymbol{\alpha}$ 的前三个坐标轴 $\boldsymbol{\alpha}^1$、$\boldsymbol{\alpha}^2$ 和 $\boldsymbol{\alpha}^3$ 进行绘制。在这里,仅对较大压痕力 Load-2(1 838.235 N)下轮廓快照对应的子空间坐标进行展示,在其余两种情形下(仅用较小压痕力或两个压痕力下权重轮廓快照时)有相似的结果,不额外展示。对比图 3-12 和图 3-14 可以看出,通过正交分解,能够将原本高维非线性的压痕轮廓响应采用平滑的子空间坐标进行表示,从而有利于建立预定义本构模型下材料参数与压痕响应的映射关系,以及进行相应的参数识别反分析优化求解。

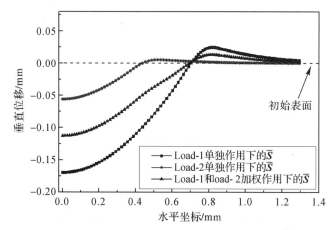

图 3-13　不同压痕力组合下仿真权重轮廓快照的平均量 $\overline{S}$ 比较

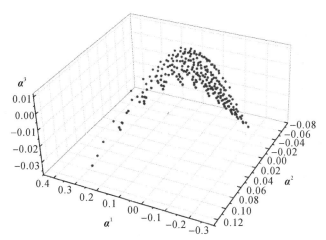

图 3-14　一系列压痕轮廓快照的子空间坐标可视化展示

（Load-2 作用下的结果）

　　图 3-15 所示为单独采用两种不同压痕力作用下对应残留压痕轮廓识别 2099-T83 铝锂合金的弹性模量 E、屈服应力 σ_y 及应变硬化指数 n 的反分析迭代计算过程。图 3-15(a)(c)(e)为在压痕力 Load-1(612.745 N)作用下的参数识别迭代计算结果。在这种情形下,式(3-2)中的 M 值为 2,且 $\lambda_1=1$,$\lambda_2=0$。图 3-15(b)(d)(f)为仅考虑采用压痕力 Load-2(1 838.235 N)作用下的压痕残留轮廓参数识别结果。在这种情况下,M 值为 2,且 $\lambda_1=0$,$\lambda_2=1$。

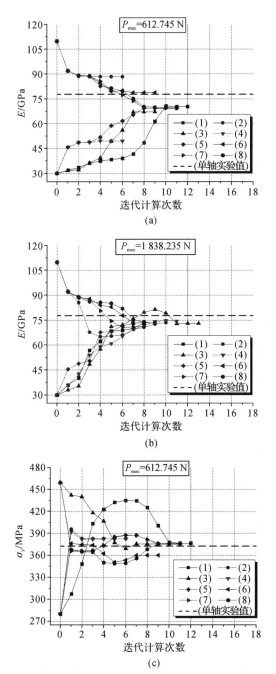

图 3 - 15 识别 2099 - T83 铝锂合金弹塑性参数的优化迭代计算过程

(a)(c)(e)采用压痕力 Load - 1(612.745 N)作用下的压痕轮廓形貌的识别结果;

(b)(d)(f)采用压痕力 Load - 2(1838.235 N)作用下的压痕轮廓形貌的识别结果

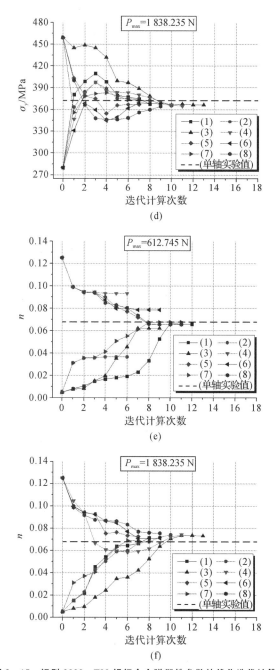

续图 3 – 15 识别 2099 – T83 铝锂合金弹塑性参数的优化迭代计算过程

(a)(c)(e)采用压痕力 Load – 1(612.745 N)作用下的压痕轮廓形貌的识别结果；

(b)(d)(f)采用压痕力 Load – 2(1838.235 N)作用下的压痕轮廓形貌的识别结果

从图 3-15(a)(c)(e)中可以看出,当采用较小压痕力 Load-1(612.745 N)进行参数识别时,迭代计算出现了不收敛的现象。这种不收敛现象表现为,开始于 8 个不同初始迭代计算点序列并没有收敛到唯一的终点。尤其是在图 3-15(a)(e)中,迭代计算识别弹性模量和硬化指数的时候,不收敛的现象更为明显。在图 3-15(d)(e)(f)中,当采用较大压痕力 Load-2(1 838.235 N)来进行参数识别时,数值迭代计算的结果是收敛的。对于不同初始迭代计算点,弹性模量 E、屈服应力 σ_y 和硬化指数 n 的计算结果均收敛到唯一的终点。在后续研究中将对造成这种参数识别收敛性差异的原因做进一步分析。

2.唯一性分析

由图 3-15 中所示的结果可以看出,当采用较小压痕力所对应的压痕轮廓时,参数识别结果是不唯一的,也是不适定的。然而,增加压痕力可以改善这种不适定的参数识别结果。为进一步揭示并理解造成这一现象的原因,需要开展进一步的研究。表 3-3 中列举了 2099-T83 铝锂合金的单轴实验性能参数,及单独采用压痕力 Load-1(612.745 N)作用下压痕轮廓所识别的材料性能参数。

从表 3-3 中可以看出,当单独采用在压痕力 612.745 N 作用下压痕轮廓时,可以得到三种不同的弹塑性材料参数组合。将这三种识别结果定义为三种不同的材料,分别命名为 mat-1,mat-2 和 mat-3。值得注意的是,所识别的这三种材料的弹塑性性能完全不同,且只有 mat-1 的材料性能参数较为接近 2099-T83 铝锂合金真实的单轴实验性能值。因此,仅采用较小压痕力对应轮廓识别的材料性能参数是具有误导性的,且这种情形需要被重视。

**表 3-3 2099-T83 铝锂合金单轴实验及采用压痕力 Load-1
作用下所得材料弹塑性参数**

	E/GPa	σ_y/MPa	n
单轴实验	77.68	372.60	0.067 8
mat-1	70.28	376.49	0.065 9
mat-2	88.33	382.79	0.036 5
mat-3	49.43	382.51	0.093 1

图 3-16 所示为上述识别所得 mat-1、mat-2 和 mat-3 三种材料在给定压痕力 Load-1(612.745 N)和 Load-2(1 838.235 N)作用下对应有限元仿真的残留压痕轮廓快照。为了增加比较性,将在这两个压痕力作用下 2099-T83 铝锂合金的实验压痕轮廓形貌也同样绘制在图 3-16 中。从图 3-16 中可以看出,这三种材料在较小压痕力作用下表现出了非常一致的压痕轮廓形状,且难以分辨。这一现象解释了为什么当仅采用较小压痕力作用下轮廓形貌进行参数识

别时,反分析的数值迭代过程是不适定的。在压痕问题研究中,将这种具有明显不同材料性能参数,然而其压痕响应量表现一致的材料称为"神秘材料"。这些材料的存在使得采用压痕测试方法来可靠而稳定地获取材料的力学性能参数极具挑战性。

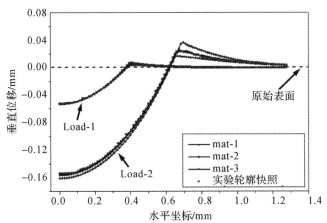

图 3 – 16 三种"神秘材料"在两个不同压痕力作用下的残留轮廓

在图 3 – 16 中,还可以看出,当压痕力增加到 1 838.235 N 时,这三种"神秘材料"的压痕残留轮廓表现出了较大的差异,并且,其中仅有一种材料的压痕轮廓更接近于真实的实验轮廓。这一现象同样解释了为什么当采用压痕力 1 838.235 N 所对应压痕轮廓时,反分析的数值迭代结果是唯一的。值得注意的是,当采用较小的压痕力 612.745 N 时,残留压痕深度与压头半径的比值 $h_f/R = 0.041\,5$。当压痕力增加到 1 838.235 N 时,h_f/R 的值增加到 0.123。这似乎意味着,当压痕深度较小的时候,参数识别迭代计算结果将存在不适定的可能性。这个问题可以仅通过增加压痕深度或压痕力的大小得以解决。

图 3 – 17(a)所示是三种"神秘材料"的压痕轮廓随着所采用压痕力增加的变化趋势。在图中,所采用的压痕力从 153.186 N 逐渐增加到 1 838.235 N。结果表明,当所采用的压痕作用力越小时,这三种"神秘材料"的压痕残留轮廓越接近,且难以分辨。为了显式地量化这种差异,将这三种"神秘材料"压痕残留轮廓之间的差异定义为下式:

$$\text{MSE} = \sum_{i=1,\,j=1}^{3} \| \boldsymbol{S}_i^{\text{sim}} - \boldsymbol{S}_j^{\text{sim}} \|^2, \ i=1,2,3, \quad j=1,2,3 \qquad (3-18)$$

其中,$\boldsymbol{S}_i^{\text{sim}}$ 表示某个"神秘材料"mat – i 在给定压痕力作用下的压痕轮廓快照,符号 $\|\cdot\|$ 表示向量的 2 范数。MSE 值是这些"神秘材料"压痕轮廓快照之间残差范数的累积量,可以用于量化这些轮廓快照之间的差异,其差异大小采用 MSE 计算值的大小来表示。其中,MSE 值越小,则表示这些"神秘材料"压痕轮

廓快照越接近。

图 3-17(b)中所示为计算所得 MSE 值随着压痕力的变化趋势。可以看出,这三种"神秘材料"的 MSE 值随着压痕作用力的增加而单调增加。图 3-17(b)中的结果可以说明,在采用单个压痕力作用下的压痕轮廓来识别材料的弹塑性力学性能参数时,仅当压痕力足够大的时候,才能获取唯一的材料参数识别结果。然而,问题同样在于,在进行压痕实验测试之前,通常所知道关于被测试材料力学性能的信息非常少,因而并不能够确定在哪种范围内的压痕力对于获取唯一的参数识别结果是足够的,这也同样对在压痕实验中选取合适的压痕力造成一定的困难。

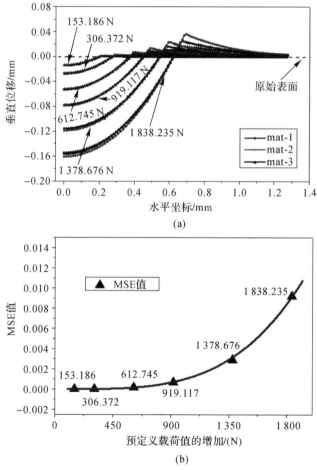

图 3-17 三种"神秘材料"在不同压痕力作用下轮廓快照的演变
(a)压痕轮廓随压痕力的变化;(b)MSE 值随压痕力的变化

为了解决上述问题,在研究中提出采用不同压痕作用力下的加权轮廓快照,以改进材料参数识别结果的唯一性。这种加权考虑的基本理论出发点在于：当采用不同压痕力作用下压痕轮廓的加权量作为有效实验数据时，能够在参数识别的模型空间中引入更多的材料压痕响应信息，从而有助于推动改善材料参数与压痕响应对应关系的适定性。图 3 - 18 所示为采用压痕力 Load - 1(612.745 N)和 Load - 2(1 838.235 N)作用下的加权轮廓快照进行 2099 - T83 铝锂合金弹塑性参数识别计算的迭代结果。在这种情形下，式(3 - 2)中的 M 值定义为 2，且 $\lambda_1 = 0.5$，$\lambda_2 = 0.5$。

从图 3 - 18 中可以看出，采用两种不同压痕力作用下的加权轮廓进行材料参数识别时，同样取得了迭代计算的适定结果，并且这个迭代结果与图 3 - 15 (b)(d)(f)中的计算结果并没有较大差异。然而，当采用加权轮廓快照时，确实在模型空间中引入了更多的有效压痕响应信息。关于该做法的优势，将在进行敏感性分析中进一步进行分析和讨论。

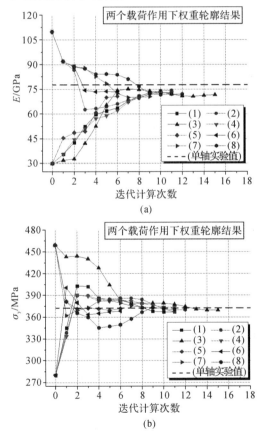

图 3 - 18　采用两个不同压痕力作用下的加权轮廓快照进行 2099 - T83
铝锂合金弹塑性参数识别数值迭代计算结果

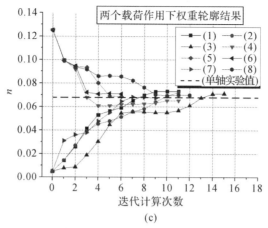

续图 3 - 18　采用两个不同压痕力作用下的加权轮廓快照进行 2099 - T83
铝锂合金弹塑性参数识别数值迭代计算结果

　　将球形压痕实验及所建立参数识别方法反推所得 2099 - T83 铝锂合金弹
塑性力学性能参数和单轴测试对应力学性能参数进行比较,结果见表 3 - 4。将
不同迭代初始点迭代计算所得的平均值和其标准差作为反推所得有效计算结
果。在表 3 - 4 中,可以看到,反推所得的材料弹塑性力学性能和单轴测试所得
的材料弹塑性力学性能参数吻合得非常好。其中,弹性模量的最大误差为
−9.52%(压痕力 612.745 N 作用下结果),屈服应力的最大误差为−1.52%(压
痕力 1 838.235 N 作用下结果),应变硬化指数的最大误差为+7.04%(采用两
个不同压痕力下权重轮廓结果)。当采用 612.745 N 压痕力所对应压痕轮廓时,
反分析所得材料性能参数的标准差值较大,这表明反向识别结果在这种情况下
是不可靠的(尽管所识别材料性能参数的平均值比较接近单轴实验的数据)当仅
采用压痕力 1 838.235 N 作用下压痕轮廓或采用权重轮廓快照时,反分析所得
材料性能参数的标准差值比较小。弹性模量最大标准差的数值为 1.221 7,屈服
应力最大标准差的数值为 2.393 2,应变硬化指数最大标准差的数值为 0.002
451。在这里将仅采用 Load - 2(1 838.235 N)作用下轮廓及两个压痕力下权重
轮廓识别所得参数作为有效结果,并将识别所得材料弹塑性参数对应
Hollomon 硬化曲线与单轴实验曲线进行了对比,结果如图 3 - 19 所示。结合表
3 - 4 和图 3 - 19 可以看出,在研究中所建立的参数识别数值方法是非常有
效的。

表 3 - 4   反推所得 2099 - T83 铝锂合金弹塑性参数和单轴实验结果的对比

		E /GPa	σ_Y /MPa	n
单轴实验数据		77.68	372.60	0.067 8
Load - 1(612.745 N)	压痕结果	70.29	375.54	0.066 9
	标准差	10.272 0	6.569 8	0.014 90
	误差（%）	−9.52	0.79	−1.38
Load - 2(1 838.235 N)	压痕结果	73.16	366.94	0.072 6
	标准差	0.799 4	2.194 1	0.002 216
	误差（%）	−5.82	−1.52	7.04
权重轮廓条件下	压痕结果	72.24	370.16	0.069 8
	标准差	1.221 7	2.393 2	0.002 451
	误差（%）	−7.00	−0.65	2.89

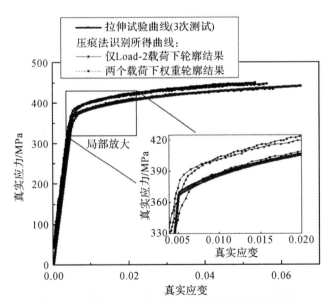

图 3 - 19   单轴应力-应变曲线与压痕法识别所得曲线对比

3. 对实验误差的敏感性

在压痕实验中通常存在许多不确定的因素,如试件的表面粗糙度,材料的不均匀性以及实验设备的不准确性等问题,这将导致不可避免的测量误差。在压痕问题研究中,一个较小的实验数据波动,可能会导致反向识别的材料性能参数产生较大的偏差,从而极大地降低参数识别结果的可靠性。因此,在研究中有必要系统地分析实验误差对于所提出参数识别数值方法可靠性的影响。

为了研究所建立参数识别数值方法的可靠性,人为地在平滑的实验轮廓快照上增加±5%误差扰动,如图 3-20 所示。这样,误差边界从+5%到-5%变化,从而提供了一个轮廓快照的扰动域,以便于能够系统地分析实验误差对于反推所得材料性能参数的影响。将所有的误差扰动分别施加在压痕力 612.745 N 和 1 838.235 N 作用下并经过平滑后的实验轮廓快照上。由于在情形一中,当仅采用较小压痕力进行参数识别的反问题是不适定的,因此不在此处的敏感性分析中考虑这种情形。在敏感性分析中定义了如下四种误差扰动的组合:在情形 a(+5%)和情形 b(-5%)中,分别将误差扰动施加在压痕力 1 838.235 N 作用下的平滑实验轮廓快照上,并将施加扰动后的压痕轮廓快照用于参数识别反分析中。这两种敏感性分析的计算结果见表 3-5。从表 3-5 中可以看出,在情形 a 和情形 b 中,参数识别的数值迭代计算过程依然取得了很好的收敛性,并且,反分析所得弹性模量的最大误差为-8.8%(情形 a),屈服应力的最大误差为-2.12%(情形 b),应变硬化指数的最大误差是+22.30%(情形 b)。可以看出,应变硬化指数 n 表现出较大的误差值。这表明,相比于弹性模量和屈服应力而言,应变硬化指数对实验误差更为敏感。

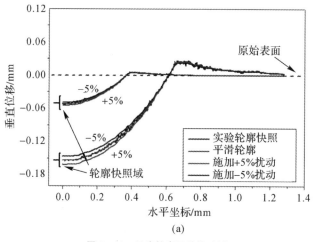

图 3-20　压痕轮廓误差扰动域

(a)全局视角;

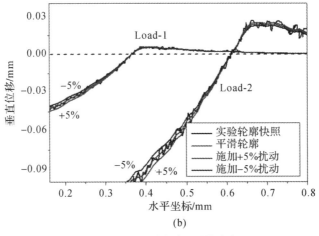

续图 3 - 20　压痕轮廓误差扰动域

(b)局部视角

表 3 - 5　仅采用压痕力 1 835.235 N 作用下单个压痕轮廓时，实验误差对反推所得 2099 - T83 铝锂合金材料性能参数的影响

		E /GPa	σ_y /MPa	n
单轴实验数据		77.68	372.60	0.0678
a：+5%	压痕结果	70.85	367.03	0.065 1
	标准差	0.689 0	1.607 4	0.001 518
	误差（%）	−8.80	−1.49	−4.04
b：−5%	压痕结果	75.56	364.71	0.082 9
	标准差	0.413 9	1.410 2	0.001 384
	误差（%）	−2.73	−2.12	22.30

　　对于采用权重轮廓进行材料弹塑性参数识别的敏感性分析，定义另外四种敏感性分析情况。将+5%和−5%的误差扰动分别施加在压痕力 612.745 N 和 1 838.235 N 作用下所对应的压痕轮廓快照上，表示为：情形 c（+5%，+5%）、情形 d（+5%，−5%）、情形 e（−5%，+5%）和情形 f（−5%，−5%）。上述误差情形表示四种不同的误差扰动组合。括号内的两个误差扰动值分别施加在两个大小不同压痕力 612.745 N 和 1 838.235 N 作用下对应的压痕轮廓快照上。

表 3-6 所示为采用敏感性分析情形 c,d,e 和 f 中所对应的反分析参数识别结果。从表 3-6 中可以看出,所有的参数识别迭代计算结果均收敛较好。此外,弹性模量的最大识别误差为 -10.15%(情形 c),屈服应力的最大识别误差为 -1.19%(情形 c),应变硬化指数的最大识别误差为 $+11.73\%$(情形 f)。从表 3-4 和表 3-5 中的结果可以看出,在人为施加一定的实验扰动情况下,反分析识别所得的材料弹塑性参数误差并不大。因此,敏感性分析结果表明,采用压痕轮廓快照所建立的材料本构参数与压痕响应之间关系的适定性非常好,并且在研究中所建立的参数识别数值方法是非常稳定而且可靠的。

表 3-6 采用两个压痕力作用下的权重轮廓时,实验误差对

反推所得 2099-T83 铝锂合金性能参数的影响

		E/GPa	σ_y/MPa	n
单轴实验数据		77.68	372.6	0.0678
c:$(+5\%,+5\%)$	压痕结果	69.80	368.18	0.064 2
	标准差	1.005 5	2.856 0	0.002 759
	误差(%)	-10.15	-1.19	-5.27
d:$(+5\%,-5\%)$	压痕结果	73.89	371.12	0.073 6
	标准差	2.010 45	3.700 3	0.003 191
	误差(%)	-4.88	-0.40	8.57
e:$(-5\%,+5\%)$	压痕结果	70.52	369.13	0.066 09
	标准差	0.655 4	2.547 1	0.002 723
	误差(%)	-9.22	-0.93	-2.52
f:$(-5\%,-5\%)$	压痕结果	74.32	372.37	0.075 8
	标准差	2.849 4	4.600 5	0.003 698
	误差(%)	-4.33	-0.063	11.73

在材料参数的反向识别过程中,反推结果对于实验误差的敏感性通常由对应反问题的本质属性所决定,如反问题的适定性和不适定性。通常,具有弱适定

性的反问题将表现出对于实验误差波动强的敏感性。因此,在实际应用中,通常希望所建立的反问题具有较强的适定性和低的敏感性。正如 Lanczos 所说:"反问题中信息的缺乏不可能通过数学技巧加以改善。"如果一个反问题是不适定的,只能通过在模型空间中引入更多的实验信息改善反问题的适定性。基于这个理论观点,本研究提出,在实际应用中采用在不同压痕实验力作用下的加权轮廓快照,来进行材料的弹塑性参数识别,以期能够有效改善反问题的适定性,并有效降低参数识别结果对于实验数据波动的敏感性。值得注意的是,在表 3-6中,反向识别所得应变硬化指数的值对于实验误差较为敏感,误差值达到了+22.30%(情形 b)。然而,在表 3-6中,应变硬化指数的误差值则相对较小,最大误差值减小到了+11.73%(情形 f)。

   进一步,用识别所得材料参数的相对误差来定义在施加扰动和不施加扰动情况下反推所得的材料参数的误差变化情况,结果如图 3-21 所示。在这里,相对误差量定义为施加扰动时反分析所得材料弹塑性参数相对于不施加扰动时反分析所得对应参数结果的变化情况。

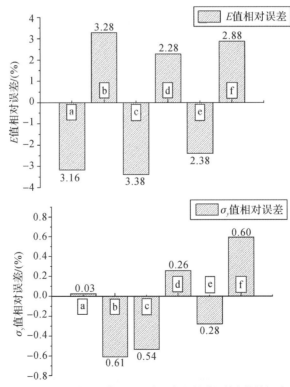

图 3-21 在不同敏感性分析情形下,反推所得材料弹塑性参数的相对误差情况

(a)弹性模量;(b)屈服应力;

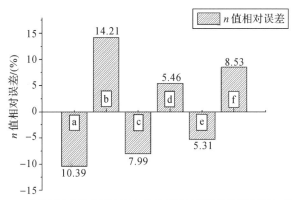

续图 3 - 21　在不同敏感性分析情形下,反推所得材料弹塑性参数的相对误差情况

(c)应变硬化指数

从图 3 - 21 中可以看出,在情形 c~f 中,相对误差的值比在情形 a 和 b 中的要小。这种趋势对于图 3 - 21(a)中弹性模量和图 3 - 21(c)中应变硬化指数的结果而言尤其明显。也就是说,采用单个压痕力作用下压痕轮廓的参数识别结果,比采用不同压痕力作用下权重轮廓识别所得材料参数,对实验数据波动更为敏感。因此,由结果可知,当在反分析中采用两个不同压痕力作用下的加权轮廓快照时,能够在参数识别反分析模型中引入更多的材料响应信息,以改进相应参数识别反问题的适定性,从而使得反推所得材料性能参数更加稳定、可靠,且相对误差更小。

| 3.2　基于压痕轮廓特征的材料正交塑性参数识别 |

3.2.1　材料及实验

1.材料

这里选取的研究材料为 $SiC_w/A6061$ 碳化硅晶须增强铝合金棒材。其中,碳化硅晶须的体积分数为 20%。由于具有特殊结构及性能,如较高韧度和损伤容限,该材料在工业中得到了极大的关注。由于在拉拔/挤压加工过程中,该材料中的晶须沿着纵向分布,从而其力学性能表现出明显的各向异性。该材料的单轴和压痕实验在 Yonezu 的研究中报道过。在研究中,所采用的棒材直径为 18 mm,且晶须平均长度和直径分别为 4 μm 和 1 μm。棒材的轴向方向为材料的纵纹方向,垂直于轴线的方向为横纹方向。

表 3 - 7 中列举了材料 $SiC_w/A6061$ 的单轴压缩力学性能。其中,硬化指数通过 Hollomon 硬化法则拟合单轴压缩实验真实应力-应变关系曲线获得。在这里,定义纵纹和横纹方向上的屈服应力比值为 R_{22},且 $R_{22} = \sigma_{YL}/\sigma_{YT}$。其中,$\sigma_{YL}$ 和 σ_{YT} 分别表示材料沿着纵纹和横纹方向上的屈服应力。从表 3 - 7 中可以看出,该材料纵纹和横纹方向上屈服应力的比值约为 1.254。然而,在对应方向上弹性模量和应变硬化指数的比值分别为 1.181 和 1.066。结果表明,$SiC_w/A6061$ 材料的屈服应力表现出了明显的各向异性,而弹性模量和应变硬化指数的各向异性则较为轻微。

表 3 - 7 $SiC_w/A6061$ 的单轴力学性能

加载方向	E/GPa	σ_Y/MPa	n
L 方向	122.4	281	0.146
T 方向	103.6	224	0.137

2. 压痕实验结果及分析

球形压痕实验在仪器化压痕设备上完成。采用的球形压头半径为 400 μm,且压头移动通过力控制实现,即先逐渐增加到给定的最大值 P_{max},然后再逐渐卸载。加载力率为 1 N/s,且最大压头力为 109.1 N。压头加载方向垂直于试件上具有面内异性性能的表面。在进行压痕实验之前,对试件表面进行仔细抛光,以降低表面粗糙度对实验结果的影响。在压头卸载后,试件表面的三维压痕形貌通过表面粗糙度测量仪器(SURFCORDER SE3500)进行测量。

图 3 - 22(a)所示为球形压头作用下,在被测试试件表面残留的三维压痕形貌图。其压痕轮廓沿着纵纹和横纹方向上的二维轮廓形貌快照如图 3 - 22(b)所示。在这里,将沿着纵纹和横纹方向上的轮廓快照分别定义为 S_L 和 S_T。从图 3 - 22 中可以看出,$SiC_w/A6061$ 材料的球形压痕位移在横纹和纵纹两个方向上分布明显不均匀。而且,在横纹方向上,压痕轮廓的凸起明显要高于纵纹方向上的凸起值。

对于各向同性材料而言,球形压痕作用下的卸载残留位移应该是轴对称均匀分布的。那么,图 3 - 22 中这种压痕周围不均匀变形分布的压痕轮廓则应该是由材料本身具有的各向异性力学性能所导致的。此外,卸载残留压痕轮廓深度和压头半径的比值 h_f/R 约为 0.1,这个深度值在压痕问题研究中相对较深。在这样相对较深的压痕加载作用下,压头底部材料的变形应该是以塑性变形为主导的,弹性变形量只占据了很少的一部分,并且,塑性变形量在整个压痕底部材料总变形量中的占比远超过弹性变形部分。也就是说,材料塑性各向异性的影响将远大于弹性各向异性对压痕底部材料这种不均匀变形分布的贡献。在后续分析中,将塑性各向异性视为导致材料球形压痕轮廓不均匀分布的主要原因。

在图 3-22(b)中可以看到,纵纹方向上的材料凸起远小于横纹方向上的凸起值,即在较低的屈服应力方向上表现出了较高的凸起现象。在图 3-22 中,采用三次 B 样条曲线对实验中的压痕轮廓数据进行拟合和重现,以降低测量噪声,并使后续有限元仿真得到的压痕轮廓和实验轮廓数据点兼容。

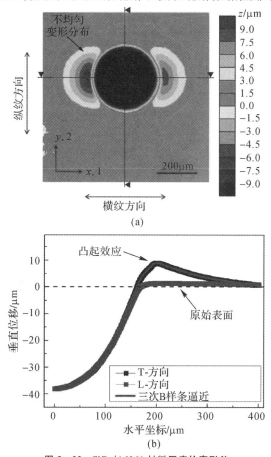

图 3-22　SiC$_w$/A6061 材料压痕轮廓形貌

(a)三维压痕形貌;(b)在横纹和纵纹方向上的二维压痕轮廓

3.2.2　正交异性材料球形压痕有限元分析

1.正交异性材料塑性本构模型

在实际的工程应用中,并不是所有的材料都能够视作各向同性来处理。由于材料加工变形历史以及组织织构等原因,一些钣金材料会表现出明显的各向异性特征,即其机械性能在板料的不同方向上存在差异。材料力学性能的各向异性对材料塑性变形行为的影响是不可忽略的。然而,经典的基本塑性理论,如 Mises 屈服准则和 Tresca 屈服准则均基于均匀各向同性基本假定,仅适合于描述各向同性材料的塑性变形行为。对此,人们进行了长期的研究,并提出了各种各样的屈服准则来描述各向异性材料的塑性变形行为。

Hill 于 1948 年首次将各向异性指数引入到材料的屈服准则中,提出了著名的 Hill48 屈服准则。这个屈服准则特别适用于具有正交各向异性的材料,并且,由于表达形式简单、各向异性材料参数容易通过实验加以确定等优势,此屈服准则得到了广泛的应用。该屈服准则假定材料的每一个点上有三个相互垂直的平面,且平面的交线称为材料的各向异性主轴。同时,进一步假定材料中的每个点的各向异性性能及其大小和方向都是均匀分布的。在本研究中,采用 Hill48 屈服准则来描述正交塑性各向异性材料在压痕作用下的塑性变形行为。

这里需要注意的是,压痕作用下材料的变形处于三维应力、应变状态,因而在计算中需要选取三维各向异性屈服准则。相比于其他的三维屈服准则(如 Barlat91,Yld2004 等屈服准则),Hill48 屈服准则的定义形式简单,且应用更为广泛。Hill48 屈服准则可以表示为

$$f(\sigma) = \sqrt{F(\sigma_{22} - \sigma_{33})^2 + G(\sigma_{33} - \sigma_{11})^2 + H(\sigma_{11} - \sigma_{22})^2 + 2L\tau_{23}^2 + 2M\tau_{31}^2 + 2N\tau_{12}^2}$$

$$(3-19)$$

其中,F,G,H,L,M,N 等为各向异性参数,且这六个参数代表着材料在当前的各向异性状态。

图 3-23 所示为压痕作用下正交塑性各向异性材料的材料坐标定义。在这里,将三个法向(如材料坐标上的 1,2 和 3 方向)上的屈服应力分别定义为 σ_{11},σ_{22} 和 σ_{33},相应的三个剪切方向上的屈服应力定义为 τ_{12},τ_{13} 和 τ_{23}。

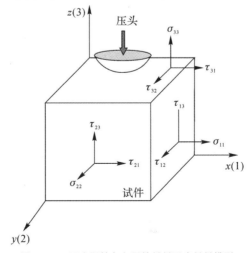

图 3-23　正交塑性各向异性材料压痕材料模型

通过式(3-2)可以确定 Hill48 屈服准则中的 F，G，H，L，M，N 六个各向异性参数。

$$F = \frac{1}{2}\left(\frac{1}{R_{22}^2} + \frac{1}{R_{33}^2} - \frac{1}{R_{11}^2}\right) \qquad (3-20\text{a})$$

$$G = \frac{1}{2}\left(\frac{1}{R_{33}^2} + \frac{1}{R_{11}^2} - \frac{1}{R_{22}^2}\right) \qquad (3-20\text{b})$$

$$H = \frac{1}{2}\left(\frac{1}{R_{11}^2} + \frac{1}{R_{22}^2} - \frac{1}{R_{33}^2}\right) \qquad (3-20\text{c})$$

$$L = \frac{3}{2R_{23}^2} \qquad (3-20\text{d})$$

$$M = \frac{3}{2R_{13}^2} \qquad (3-20\text{e})$$

$$N = \frac{3}{2R_{12}^2} \qquad (3-20\text{f})$$

在式(3-2)中，R_{11}，R_{22}，R_{33}，R_{12}，R_{13} 和 R_{23} 分别表示在三个正交方向（R_{11}，R_{22} 和 R_{33}）和三个剪切方向上（R_{12}，R_{13} 和 R_{23}），相对于参考屈服应力 σ_Y 的屈服应力比值。这六个各向异性屈服应力比值用来描述材料在正交方向上的塑性各向异性情况，如图 3-23 中的坐标所示。这六个各向异性屈服应力比值可以在 ABAQUS 有限元软件中进行输入(见 ABAQUS 软件塑性参数输入窗口中的"POTENTIAL"选项)。通过参考屈服应力 σ_Y 可以确定这六个各向异性屈服应力比值的数值，且剪切方向上的屈服应力定义为 $\tau_Y = \sigma_Y / \sqrt{3}$。

在这里，考虑具有纵向和横向两个方向上屈服应力各向异性的材料，用 R_{22} 值表示纵纹和横纹方向上屈服应力之间的比值，且将其余方向上的屈服应力比值定义为 1。其中，材料的纵纹方向定义为 y-(2)坐标轴，将横纹方向定义为 x-(1)坐标轴，如图 3-23 中所示。将材料在横纹方向的应力-应变曲线作为参考输入量，即 $\sigma_Y = \sigma_{YT}$，而纵纹方向上的屈服应力则通过关系式 $\sigma_{YL} = R_{22}\sigma_{YT}$ 来确定。

采用 Hollomon 硬化法则来描述材料在横纹和纵纹两个方向上的应变硬化行为。将材料的应变硬化假定为等向强化，即横纹和纵纹方向上的硬化指数相同。Hollomon 硬化法则可以描述大多数工程材料的单轴应力应变行为。因此，对于上述各向异性材料所遵循的应力-应变关系可以表示为式(3-21)所示形式，即

$$\left.\begin{array}{l} \sigma_L = E_s \sigma_{YL}^{1-n} \varepsilon_L^n, \quad \sigma_L > \sigma_{YL} \\ \sigma_T = E_s \sigma_{YT}^{1-n} \varepsilon_T^n, \quad \sigma_T > \sigma_{YT} \end{array}\right\} \qquad (3-21)$$

其中，E_s 为材料的弹性模量；n 为应变硬化指数。图 3 - 24 所示为正交塑性各向异性材料的应力-应变关系曲线。从图 3 - 24 中可以看出，所假定的正交异性材料具有两条相互平行的塑性应力-应变关系曲线。

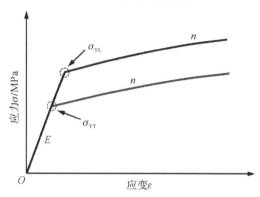

图 3 - 24　正交塑性材料的应力-应变曲线

2. 正交异性材料压痕仿真模型

采用 ABAQUS 有限元软件建立正交异性材料的有限元计算模型。图 3 - 25 所示为所建立的有限元数值模型、网格及边界条件。考虑到材料模型以及压痕几何的对称性，建立 1/4 有限元模型以缩减总的计算量。压头假定为离散刚体，其半径为 0.4 mm，采用 R3D4 单元类型。试件采用 C3D8R 单元类型。为了获得更高的计算精度，在压头与试件接触的局部区域采用梯形网格进行加密处理。此外，在离局部接触区域较远处采用较为粗糙的网格，以缩减总的计算单元数目。在不同单元尺寸之间采用梯形网格进行过渡，如图 3 - 25 所示。

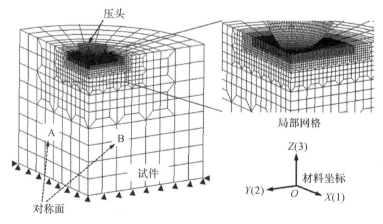

图 3 - 25　正交塑性异性材料球形压痕有限元模型、网格和边界条件

试件的高和半径为 2 mm,且该值大小足以避免远边界效应对压痕响应计算结果的影响。压头总的网格数目为 1 200,试件采用的总网格数目为 9 070个。压头与试件之间的接触摩擦因数定为 0.1。试件的泊松比定为 0.3,在压痕问题的研究中,该因素的影响通常被认为是可以忽略的。在两个对称面 A 和 B上,采用对称边界条件。试件底部节点上的位移采用固定约束。压头的移动采用力控制类型,垂直向试件表面加载,直到预先设定的最大载荷值 P_{max},然后再逐渐卸载。将所建立 1/4 有限元网格的收敛性与完整模型以及网格更精细的1/4 有限元模型(试件采用 20 030 个 C3D8R 单元网格)计算所得载荷位移关系曲线进行比较,结果如图 3-26 所示。在这里,仿真计算采用了 SiC_w/A6061 材料横纹和纵纹上平均弹性模量和硬化指数,$E = 113$ GPa,$n = 0.142$。参考屈服应力 $\sigma_{YT} = 224$ MPa,屈服应力比值 $R_{22} = 1.254$。图 3-26 中的计算结果表明,采用所建立的 1/4 有限元模型、完整模型以及具有更精细网格 1/4 有限元模型计算所得结果差别非常小,足以证明所建立有限元模型的收敛性是非常好的。

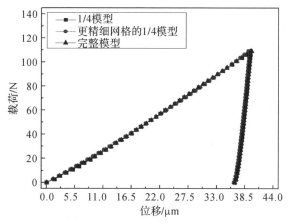

图 3-26　所建立的 1/4 有限元模型收敛性验证

　　图 3-27 所示为在压痕加载状态下的材料应力和应变分布云图。图3-28所示为卸载后沿材料垂直方向的位移分布云图。从图 3-27 和图 3-28 中可以看出,正交塑性各向异性材料在球形压痕的作用下将会产生非对称的变形行为,即压痕底部材料的应力、应变状态以及位移在不同方向上均为非均匀的分布,这是由于材料本身力学性能在不同方向上存在差异。

　　对于有限元模型的有效性,同样通过比较仿真结果与实验结果进行了验证,如图 3-29 所示。从图 3-29 中可以看出,仿真结果与实验结果吻合较好,证明了所建立的有限元模型是有效的。此外,还需要注意的是,结合对于正交塑性异性材料本构模型的定义及图 3-28 中相对于正交异性材料坐标及压痕加载方向可以看出,球形压痕垂直加载于具有面内塑性异性的材料表面。因此,产生这种材料表面位移场及轮廓形貌的不均匀分布与材料塑性性能的各向异性密切相关。

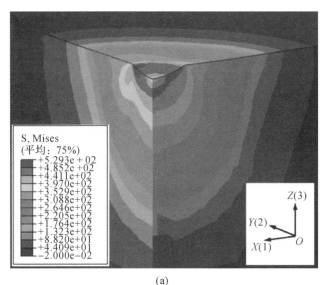

(a)

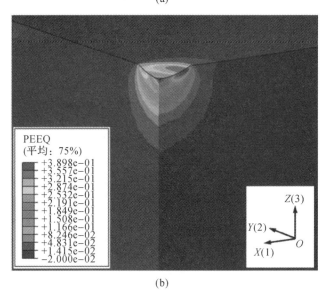

(b)

图 3-27　压痕底部材料的应力和应变分布云图

(a)应力分布;(b)应变分布

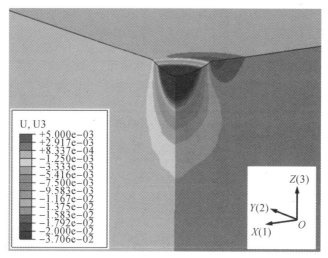

图 3-28　压痕底部垂直位移分布云图

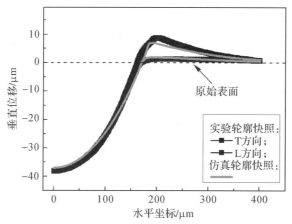

图 3-29　有限元计算结果与实验结果比较

3.2.3　塑性异性材料压痕轮廓响应特征分析

压痕仿真结果表明,正交塑性异性材料的压痕残留轮廓沿着横纹和纵纹两个方向上的轮廓快照 S_{T} 和 S_{L} 并不相同。在这里,定义两个轮廓快照量 $\bar{S}$ 和 ΔS,分别表示横纹和纵纹方向上轮廓快照的平均量和差值量,如式(3-22)中所示。有以下公式(在这里,符号"→"表示轮廓形状快照与对应材料性能参数的紧密相关性):

$$\bar{S} = \frac{S_T + S_L}{2} \rightarrow (\sigma_{YT}/E, n) \qquad (3-22a)$$

$$\Delta S = \frac{S_T - S_L}{2} \rightarrow (R_{22}) \qquad (3-22b)$$

图 3-30 所示为 $SiC_w/A6061$ 材料相应的实验 $\bar{S}$ 和 ΔS 轮廓形状快照。从图 3-30 中可以看出,轮廓快照 $\bar{S}$ 的形状与快照 S_T 和 S_L 比较相似,相比而言轮廓快照 ΔS 的形状则差别非常大。此外,轮廓快照 ΔS 的最大垂直位移值 Δs_{max} 处于压头和试件接触边缘位置。也就是说,在压头与试件接触边缘位置,轮廓快照 S_T 和 S_L 之间将表现出最为明显的差异。值得注意的是,当材料为各向同性时,轮廓快照 S_T 和 S_L 是相同的,即当 $R_{22}=1$ 时,$S_T = S_L$ 且 $\Delta S = 0$。在所采用的本构法则中,采用了同一个应变硬化指数来描述材料的等向应变硬化行为,且横纹方向上的屈服应力 σ_{YT} 定义为参考屈服应力。因此,参数 E/σ_{YT} 和 n 值本质上并不反映材料力学性能的各向异性,而仅塑性参数 R_{22} 反映了材料的各向异性程度,即 R_{22} 反映了材料在横纹和纵纹方向上塑性性能之间的差异。因此,可以推断,R_{22} 对于轮廓快照 ΔS 的形状而言将是一个决定性的参数。然而,轮廓快照 $\bar{S}$ 的形状与参数 E/σ_{YT} 和 n 更相关。

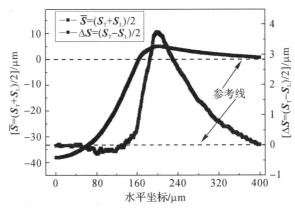

图 3-30　$SiC_w/A6061$ 材料球形压痕实验轮廓快照 $\bar{S}$ 和 ΔS

为进一步分析轮廓快照 $\bar{S}$ 和 ΔS 与正交塑性参数 E/σ_{YT},n 和 R_{22} 的依赖关系,借助有限元仿真进行了参数化研究,结果如图 3-31 所示。图 3-31(a)～(c)分别为参数 E/σ_{YT},n 和 R_{22} 对轮廓快照 $\bar{S}$ 的影响。图 3-31(d)～(f)分别为参数 E/σ_{YT},n 和 R_{22} 对轮廓快照 ΔS 的影响。对所进行的参数化分析的过程叙述如下:在图3-31(a)(d)中,将n值固定为0.1,R_{22}值固定为1.2,且σ_{YT}/E分别从0.002,0.003,0.004变化到0.005。在图3-31(b)(e)中,将参数σ_{YT}/E固定为0.002,将R_{22}值固定为1.2,且n值分别从0.15,0.20,0.25变化到0.30。在图3-31(c)(f)中,将参数σ_{YT}/E固定为0.002,将n值固定为0.1,且R_{22}分别从1.00,1.20,1.50变化到2.00。在所有上述参数化有限元仿真中,采用所建立的有限元模型进行仿真,压头的移动采用力控制,并且最大压痕力固定为109.1 N。

从图3-31(a)～(c)中可以看出,参数E/σ_{YT}和n对于轮廓快照$\bar{S}$的影响非常明显,然而参数R_{22}对于轮廓快照ΔS的影响则相对很小。结果表明,轮廓快照$\bar{S}$的形状与参数E/σ_{YT}和n更相关,与如式(3-22)中所描述的一样。从图3-31(d)～(f)中可以看出,三个参数E/σ_{YT},n和R_{22}对于轮廓快照$\bar{S}$的影响都比较明显。值得注意的是,在上述数值仿真中,压头控制设定为力控制类型。从图3-31(a)(d)[或者(b)(e)]中可以看出,当轮廓快照$\bar{S}$的残余压痕深度较深时,轮廓快照ΔS的最大位移值Δs_{max}将会更高。也就是说,在力控制压痕仿真设定中,轮廓快照ΔS的形状同样会受到压痕深度的影响。然而,当材料为各向同性时[$R_{22}=1$将导致$\Delta S=0$,如图3-31(f)所示],轮廓快照ΔS形状对于压痕力/深度的依赖性会消失。因此,对于轮廓快照ΔS而言,R_{22}是一个决定性的参数,且轮廓快照ΔS的形状与参数R_{22}的关系更为紧密,如式(3-22)所示。在这里,将压痕形貌的轮廓快照$\bar{S}$和ΔS作为各向异性材料两个有效压痕响应特征,并在数值分析中用来识别被测试$SiC_w/A6061$材料的正交塑性性能参数σ_{YT}、σ_{YL}和R_{22}。

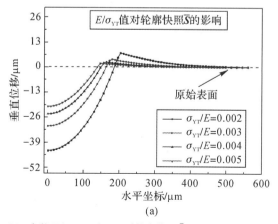

图3-31 参数E/σ_{YT},n和R_{22}对轮廓快照$\bar{S}$和ΔS影响的参数化分析

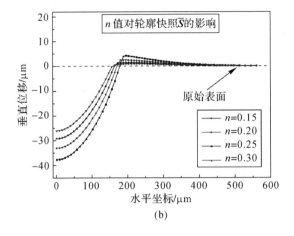

(b)

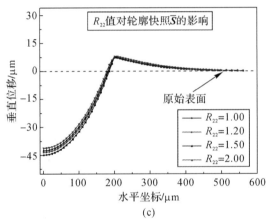

(c)

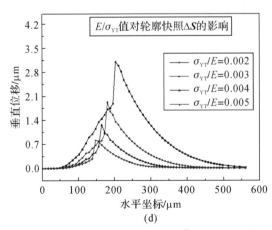

(d)

续图 3-31　参数 E/σ_{YT}、n 和 R_{22} 对轮廓快照 $\bar{S}$ 和 $\triangle S$ 影响的参数化分析

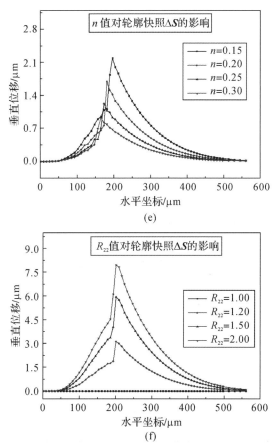

续图 3 - 31 参数 E/σ_{YT}、n 和 R_{22} 对轮廓快照 $\bar{S}$ 和 ΔS 影响的参数化分析

3.2.4 正交塑性参数识别数值方法建立

在本章中,仍然采用正交分解算法来建立材料性能参数与压痕轮廓响应量之间的关系。与各向同性材料识别问题不同的是,这里在数值计算中要同时考虑两个轮廓快照 $\bar{S}$ 和 ΔS。将压痕卸载后残留在试件表面的压痕形貌,沿着横纹和纵纹方向上压痕轮廓快照节点上的垂直位移分别存储在向量 $S_T \in \mathbf{R}^n$,S_L 中。则 S_T 和 $S_L \in \mathbf{R}^n$,其中 n 为轮廓快照 S_T 和 S_L 的维数。n 值同样代表着在所选择试件表面区域的节点数。对于所研究的正交塑性各向异性材料,轮廓快照 S_T 和 S_L 明显不同,将其平均量 $\bar{S}$ 和差值量 ΔS 作为两个有效压痕响应特征进行分析。通过正交分解和有限元计算,分别建立轮廓快照 $\bar{S}$ 和 ΔS 的正交子空间。

为了清楚地表示轮廓快照 $\bar{S}$ 和 ΔS 正交子空间的建立过程,采用 S_{w} 作为一个中间变量,在两种不同情形下,分别独立地将有效轮廓快照特征 $\bar{S}$ 或者 ΔS 表示为

$$S_{\mathrm{w}} = k_1\bar{S} + k_2\Delta S \quad \begin{cases} \text{当 } k_1 = 1 \text{ 且 } k_2 = 0 \text{ 时,} \quad S_{\mathrm{w}} = \bar{S} \\ \text{当 } k_1 = 0 \text{ 且 } k_2 = 1 \text{ 时,} \quad S_{\mathrm{w}} = \Delta S \end{cases} \quad (3-23)$$

其中,S_{w} 是一个中间变量。在第一种情况下,$k_1 = 1$,$k_2 = 0$,S_{w} 代表 $\bar{S}$。在第二种情况下,$k_1 = 0$,$k_2 = 1$,S_{w} 代表 ΔS。通过这样的定义,可以在一次计算中,通过设定 k_1 和 k_2 的值,实现轮廓快照 $\bar{S}$ 和 ΔS 的正交子空间建立过程的计算。

在对正交塑性异性材料的球形压痕数值仿真中,压痕轮廓快照 S_{w} 本质上由所假定的材料本构关系 $c^*(c_1, c_2, \cdots, c_l)$ 所决定。其中,c^* 表示所研究正交塑性异性材料遵循的本构法则;l 是该本构方程中材料塑性异性参数的总数,c_i 表示的是每一个塑性参数且 $1 \leqslant i \leqslant l$。因此,压痕轮廓快照 S_{w}^i 的平均快照可以表示为

$$S_{\mathrm{ave}} = \frac{1}{N}\sum_{i=1}^{N}S_{\mathrm{w}}^i = \frac{1}{N}\sum_{i=1}^{N}(k_1\bar{S}^i + k_2\Delta S^i) \quad (3-24)$$

其中,$\bar{S}^i$ 和 ΔS^i 表示在一系列有限元仿真中第 i 个材料 c_i^* 正交塑性本构参数所对应的压痕轮廓快照响应量;S_{w}^i 则为依据式(3-5)计算所得对应中间量;N 表示所需要进行压痕有限元仿真的总数目;S_{ave} 表示 N 个仿真轮廓的平均快照。相应的中心轮廓快照矩阵 S 表示为

$$S = [S_{\mathrm{w}}^1 - S_{\mathrm{ave}} \quad S_{\mathrm{w}}^2 - S_{\mathrm{ave}} \quad S_{\mathrm{w}}^3 - S_{\mathrm{ave}} \quad \cdots \quad S_{\mathrm{w}}^N - S_{\mathrm{ave}}] \quad (3-25)$$

将轮廓矩阵 S 的协方差矩阵表示为 SS^{T}。对轮廓快照矩阵 S 进行奇异值分解可以得到

$$S = UDV^{\mathrm{T}} \quad (3-26)$$

其中,U 表示协方差矩阵 SS^{T} 的特征向量矩阵;D 是一个对角矩阵,它包含着矩阵 S 的奇异值。在这里,定义 U_i 为特征向量矩阵 U 中的每一列,α_{ij} 为向量 α_i 中的第 j 个序列值。因此,$U = [U_1 \ U_2 \ \cdots \ U_N]$,且轮廓快照矩阵 S 中的每一个轮廓快照 S_{w}^i 可以通过式(3-9)进行重建,有

$$S_{\mathrm{w}}^i = S_{\mathrm{ave}} + U\alpha_i = S_{\mathrm{ave}} + \sum_{j=1}^{N}U_j\alpha_{ij} \quad (3-27)$$

其中,特征向量矩阵 U 作为正交基,用于构建轮廓快照矩阵 S 中的每一列。向量 α_i 作为轮廓快照 S_{w}^i 在所构建正交基子空间中的相应坐标,可以表示为式(3-10)中所示形式,有

$$\alpha_i = U^{\mathrm{T}}(S_{\mathrm{w}}^i - S_{\mathrm{ave}}) \quad (3-28)$$

在这里,将轮廓快照 $\bar{S}^i$ 和 ΔS^i 在所建立的正交基空间中的投影坐标分别定

义为 $\bar{\boldsymbol{\alpha}}^i$（对应于情形 $k_1 = 1$，$k_2 = 0$ 且 $\boldsymbol{S}_w = \bar{\boldsymbol{S}}$）和 $\Delta\boldsymbol{\alpha}^i$（对应于情形 $k_1 = 0$，$k_2 = 1$ 且 $\boldsymbol{S}_w = \Delta\boldsymbol{S}$）。用于反推被测试材料正交塑性异性参数的目标函数定义为

$$\omega(\boldsymbol{c}^*) = (1 - \lambda) \parallel \bar{\boldsymbol{\alpha}}(\boldsymbol{c}^*) - \bar{\boldsymbol{\alpha}}^{\mathrm{exp}} \parallel^2 + \lambda \parallel \Delta\boldsymbol{\alpha}(\boldsymbol{c}^*) - \Delta\bar{\boldsymbol{\alpha}}^{\mathrm{exp}} \parallel^2 \quad (3 - 29)$$

其中，$\omega(\boldsymbol{c}^*)$ 表示实验和仿真之间误差范数的合理加权量；符号 $\parallel \cdot \parallel$ 表示向量的 2 范数；$\bar{\boldsymbol{\alpha}}(\boldsymbol{c}^*)$ 和 $\Delta\boldsymbol{\alpha}(\boldsymbol{c}^*)$ 分别表示仿真的轮廓快照 $\bar{\boldsymbol{S}}$ 和 $\Delta\boldsymbol{S}$ 在所建立正交子空间中的投影坐标；$\bar{\boldsymbol{\alpha}}^{\mathrm{exp}}$ 和 $\Delta\bar{\boldsymbol{\alpha}}^{\mathrm{exp}}$ 分别表示实验轮廓快照 $\bar{\boldsymbol{S}}^{\mathrm{exp}}$ 和 $\Delta\boldsymbol{S}^{\mathrm{exp}}$ 在所建立的正交子空间中的投影坐标。在这里，采用权重因子 λ 来平衡实验与仿真之间分别源于轮廓快照 $\bar{\boldsymbol{S}}$ 和 $\Delta\boldsymbol{S}$ 的误差。值得注意的是，在所建立的方法中，对于实验与仿真之间源于轮廓快照 $\bar{\boldsymbol{S}}$ 和 $\Delta\boldsymbol{S}$ 之间误差的权重并不是直接施加在压痕响应测量量上，而是在其正交子空间投影坐标上。

采用 B 样条曲线对实验测量数据进行插值和重现（结果如图 3 - 22 所示），以平滑实验数据，降低测量噪声，并使实验和仿真所得的压痕轮廓快照上数据点相兼容。向量 $\boldsymbol{c}^*$ 中包含着被测试材料未知的正交塑性性能参数，有待通过压痕实验轮廓响应和所建立的数值方法反推出来。在这里，采用"$Interior\text{-}point$"优化算法来求解式（3 - 29）中的优化问题。同样，采用"$Interior\text{-}point$"优化算法时，材料参数的初始估计点必须位于所预选定的约束区域内。此外，当目标函数 $\omega(\boldsymbol{c}^*)$ 变化小于 $\varepsilon_{\mathrm{thr}}$ 时，参数识别优化迭代收敛。在研究中，假定材料的弹性各向异性是可以忽略的，并且材料的弹性模量已知，为其横纹和纵纹方向上单轴数据的平均值——$E = 113\,GPa$。这是因为，基于采用压痕测试方法获取材料弹性模量的研究已较为成熟，可以通过著名的"$Oliver\text{-}Pharr$"方法获得。然而，对于材料塑性性能的检测仍然具有很大的挑战性。在研究中，注重于仅采用压痕轮廓形貌来识别材料正交各向异性塑性参数 σ_{YT}，n 和 σ_{YL}。因此，本构法则 $\boldsymbol{c}^*$ 中的 l 取值为 3。

3.2.5　参数识别结果及讨论

1.正交塑性参数识别结果

将所建立的材料各向异性塑性参数识别方法用于识别 $SiC_w/A6061$ 晶须增强铝合金材料的正交塑性性能参数 σ_{YT}、n 和 σ_{YL}。在这里，所选取的参数边界范围为 $130\,MPa \leqslant \sigma_{\mathrm{YT}} \leqslant 310\,MPa$，$0.082 \leqslant n \leqslant 0.202$ 以及 $1.05 \leqslant R_{22} \leqslant 1.45$。同样，考虑到式（3 - 29）中优化问题的非凸性，为避免迭代计算落入局部最小点，在参数范围边界上选取 8 个初始迭代点。在计算中，权重因子 λ 取值定义为 0.5，系统地研究该权重因子对于参数识别结果的影响。图 3 - 32 所示为

一系列压痕仿真所得轮廓快照在纵纹和横纹方向上的平均量 $\bar{S}$ 和差异量 ΔS。通过一系列仿真获得压痕轮廓快照平均量 $\bar{S}$ 和差异量 ΔS，用参数识别算法构建压痕轮廓形状快照的子空间。

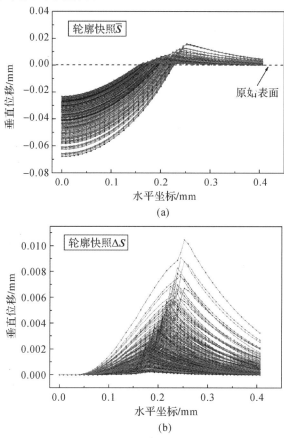

图 3-32 一系列有限元仿真所得压痕轮廓快照

(a)轮廓快照的平均量 $\bar{S}$；(b)轮廓快照的差异量 ΔS

图 3-33 所示为 $SiC_w/A6061$ 材料正交塑性参数 σ_{YT}，n 和 σ_{YL} 的参数识别反分析数值迭代计算过程。从图 3-33 中可以看出，迭代计算获得了适定的结果。尽管迭代计算均起始于不同的初始点，对于三个正交塑性参数 σ_{YT}，n 和 σ_{YL}，数值迭代计算结果收敛得非常好。结果表明，$SiC_w/A6061$ 正交塑性参数 σ_{YT}，n 和 σ_{YL} 的识别结果是唯一的。

将通过不同迭代初始点识别所得的 $SiC_w/A6061$ 材料正交塑性性能参数的平均值作为有效参数识别结果。表 3-8 中列举了在本研究中仅采用压痕轮廓及所建立数值方法识别所得的材料正交塑性参数、文献中所提方法识别的正交

塑性参数以及 SiC_w / A6061 材料单轴压缩性能参数之间的对比。

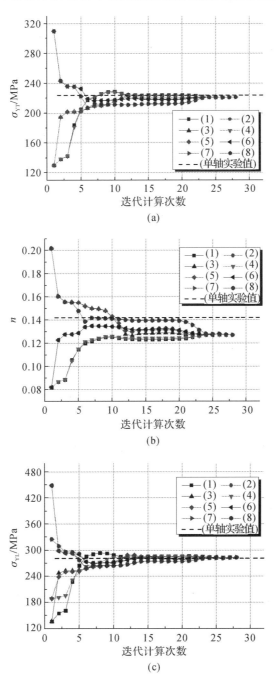

图 3-33　SiC_w / A6061 材料正交塑性参数识别迭代计算

表 3 – 8   反分析所得 $SiC_w/A6061$ 正交塑性参数及其与文献中结果、单轴实验结果的对比

$SiC_w/A6061$	σ_{YT} /MPa	n	σ_{YL} /MPa
单轴实验数据	224	0.142	281
Yonezu 所提方法结果	230.00	0.127	308.20
文献方法误差/(%)	2.68	−10.56	9.68
本研究方法结果	221.14	0.127	283.11
标准差	0.014 534 4	1.610 91e−05	0.042 315 6
本研究方法误差/(%)	−1.28	−10.56	0.75

从表 3 – 8 中可以看出,采用所建立的参数识别方法获得的材料正交塑性参数和单轴实验结果非常接近,所识别出的材料正交塑性参数标准差非常小,这意味着所建立的数值方法收敛性很好。此外,本研究的结果和单轴实验结果的误差也非常小。与单轴实验数据对比,横纹方向屈服应力 σ_{YT} 的误差为 −1.28%,纵纹方向屈服应力 σ_{YL} 的误差为 −10.56%,应变硬化指数 n 的误差为 0.75%。图 3 – 34 所示为采用所提出参数识别方法获得的 $SiC_w/A6061$ 横纹和纵纹两个方向上的应力-应变关系曲线,及其与相应方向上单轴压缩应力-应变关系曲线的对比。上述结果表明,所建立仅采用压痕轮廓识别材料正交塑性参数的数值方法是非常有效的。

2010 年,Yonezu 等学者提出了一个简单的框架来采用球形压痕测试估计 $SiC_w/A6061$ 材料的正交塑性参数 σ_{YT},n 和 σ_{YL}。在 Yonezu 等所提出的方法中,首先以两个不同压痕深度 $h/R = 0.04$ 和 $h/R = 0.1$ 下的压痕力作为有效响应量,建立其与材料正交塑性参数的两个无量纲函数。然后,采用残留压痕形貌凸起值建立其与材料正交塑性参数的另一个无量纲函数。通过联合求解三个无量纲函数,可以得到材料的正交塑性参数 σ_{YT},σ_{YL} 和 n 值。将 Yonezu 等关于材料 $SiC_w/A6061$ 的识别结果和此外所提出方法的识别结果在表 3 – 8 中作了进一步比较。从表 3 – 8 中可以看出,当前方法识别所得的 n 值与文献中识别的 n 值一致。然而,采用当前方法所识别的 σ_{YT} 和 σ_{YL} 值更接近于单轴压缩实验的值。

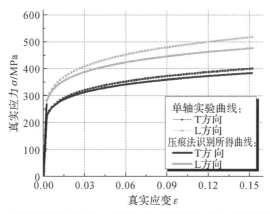

图 3 - 34 反推所得 SiC$_w$/A6061 材料应力-应变关系曲线与单轴实验曲线对比

当前所建立参数识别方法较好的参数识别准确度也许归因于下述两方面：①在数值计算中考虑了将整个残留压痕轮廓作为有效的压痕实验响应特征。对于正交塑性异性材料，相比于压痕载荷-位移关系曲线而言，压痕卸载残留的形貌特征包含更丰富的材料响应信息。压痕载荷-位移关系曲线本身表示一种"均匀化"的材料响应，不反映材料性能在不同方向上的差异。因此，在参数识别中，采用压痕载荷-位移关系曲线将会降低对由材料性能各向异性所导致的压痕响应量部分的捕捉能力。然而，由材料性能不同方向上差异导致的响应特征，可以很好地通过压痕轮廓的不均匀形貌分布加以反映。②所采用的正交分解算法具有较高的数值精度，能有效捕捉材料最本质的变形特征（如主成分），并且效率高。此外，在所建立的数值方法中，仅采用了压痕的卸载残留形貌信息，避免了对载荷-位移关系曲线的准确测量，以及对压痕残留形貌上凸起值的精准确定，这使得所建立的这种参数识别方法能够在实际中很方便地使用。

2.权重因子对识别结果的影响

在所建立的数值方法中，式（3-29）中的权重因子 λ 对于反推所得的材料正交塑性参数的可靠性和稳定性可能会存在影响。值得注意的是，这个权重因子本身适用于加权源自于轮廓快照 $\bar{S}$ 和 ΔS 中实验与仿真之间的误差。当 λ 取值为 0 时，仅轮廓快照 $\bar{S}$ 被用于反分析参数识别中。当 λ 取值为 1 时，仅轮廓快照 ΔS 被用于反分析参数识别中。因此，有必要系统地研究权重因子 λ 的取值对于识别结果的影响。图 3-35（a）~（c）所示为反推所得 SiC$_w$/A6061 正交塑性参数 σ_{YT}，n 和 σ_{YL}，及其标准差随着权重因子的变化。图 3-35（d）所示为所识别的正交塑性参数与单轴实验参数之间的误差值随权重因子的变化趋势。

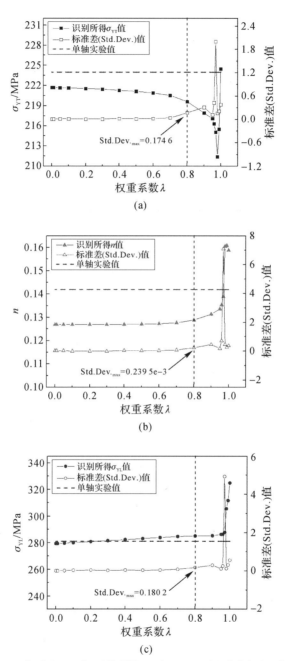

图 3-35 权重因子 λ 对于反推所得 SiC_w/A6061 正交塑性参数结果的影响

(a)反推所得 σ_{YT} 值随 λ 的变化;(b)反推所得 n 值随着 λ 的变化;(c)反推所得 σ_{YL} 值随 λ 的变化;

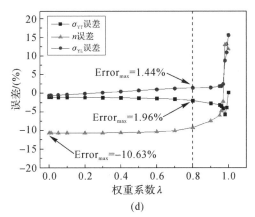

(d)

续图 3 - 35　权重因子 λ 对于反推所得 SiC$_w$/A6061 正交塑性参数结果的影响

（d）权重对识别误差的影响

从图 3 - 35 中可以看出，反推所得的 σ_{YT} 值随着权重因子 λ 的增加有下降的趋势，而反推所得的 n 值和 σ_{YL} 值则表现出了相反的趋势。此外，当权重因子 λ 取值为 1 时，反推所得的正交塑性参数 σ_{YT}、n 和 σ_{YL} 均表现出不稳定现象。也就是说，当在反分析中仅采用压痕轮廓快照 ΔS 作为有效实验信息时，反推结果是不可靠或认为是无效的。此外，当权重因子取值范围为 $0 \leqslant \lambda \leqslant 0.8$ 时，反推所得的正交塑性参数是非常稳定的，标准差值也非常小。反推所得 σ_{YT} 值的最大标准差为 0.174 6，反推所得 n 值的最大标准差为 $0.239\ 5 \times 10^{-3}$，反推所得 σ_{YL} 值的最大标准差为 0.180 2。而且，和单轴压缩实验所得正交塑性参数相比，反推所得 σ_{YT} 值的最大误差为 1.96%，反推所得 n 值的最大误差为 -10.63%，反推所得 σ_{YL} 值的最大误差为 1.44%。结果表明，在权重因子取值相对较宽的范围内，如 $0 \leqslant \lambda \leqslant 0.8$ 时，权重因子对反推所得的 SiC$_w$/A6061 材料正交塑性参数的影响是非常有限的，且参数识别数值结果非常稳定。

基于正交分解所建立的仅依赖压痕轮廓快照识别材料正交塑性参数的方法在对 SiC$_w$/A6061 材料的应用上，取得了非常稳定可靠的计算结果。其原因在于，对于材料在横纹和纵纹上压痕响应信息的权重并不是直接施加在材料的轮廓快照 S_T 和 S_L 上，相反地，在所构建压痕轮廓快照 S_T 和 S_L 所对应的正交子空间中的坐标 α 和 $\Delta\alpha$ 上进行了合理加权。在许多学者的研究中，一般会对压痕响应量进行直接加权，以获得更好的数值结果，如一些文献中在压痕载荷-位移关系和材料凸起/凹陷值之间进行的直接加权处理。这种做法也许会降低所建立数值算法对材料压痕响应特征的捕捉能力。此外，在这些研究中，权重因子的选取比较随意，其对数值结果的可能影响也没有得到很好的分析。

在所建立基于正交分解的数值算法中，首先考虑采用正交分解数值算法对压痕响应特征进行捕捉，然后在相应完整建立的子空间中对压痕响应量子空间坐标进行合理加权。这种做法代表着本研究的创新之处,也同样为在较大的权重因子取值范围内能够获得稳定的数值结果提供了依据。在这里,还有一个值得注意的问题。尽管权重因子取值为 0 时,仅平均轮廓快照 $\bar{S}$ 被用在了数值分析中,反推所得的结果也是很稳定的,但是,这种情况应该避免使用。也就是说,权重因子的取值最好是 $0 < \lambda \leqslant 0.8$。这是因为轮廓快照 ΔS 同样也是非常重要的压痕响应信息,且与材料各向异性参数 R_{22} 密切相关,在参数识别反分析中必须加以考虑。尽管在当前针对 $SiC_w/A6061$ 材料正交塑性参数识别中,仅采用轮廓快照平均量 $\bar{S}$(即 λ 取值为 0)时得到了唯一的参数识别结果,但是在应用于其他一些材料时,反分析求解结果的唯一性可能难以保证。回顾所进行的轮廓快照平均量 $\bar{S}$ 和差异量 ΔS 对正交塑性参数依赖性参数化分析可知,轮廓快照平均量 $\bar{S}$ 仅对正交塑性参数 σ_{YT}/E 和 n 敏感,而对参数 R_{22} 不敏感。因此,可能存在一些"神秘材料",这些材料表现出不同的正交塑性异性参数,而其压痕轮廓平均量 $\bar{S}$ 几乎一致。此时,必须在反分析中引入轮廓快照的差异量 ΔS,从而有效提高此类问题求解结果的可靠性和适定性。

3. 对实验误差的敏感性

同样,通过对压痕实验轮廓数据施加扰动来定量研究所建立数值方法对实验误差的敏感性。人为地在压痕轮廓快照 S_L 和 S_T 上施加 -5% 和 $+5\%$ 的误差扰动,如图 3 - 36 所示。所形成的压痕轮廓扰动域,能够保证系统地研究压痕实验误差对反推所得的 $SiC_w/A6061$ 材料正交塑性参数的影响,以揭示所建立正交塑性参数识别方法的稳定性和可靠性。

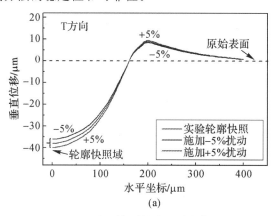

(a)

图 3 - 36 正交塑性异性材料压痕轮廓误差域

(a)横纹方向轮廓快照扰动;

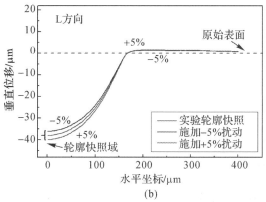

续图 3-36　正交塑性异性材料压痕轮廓误差域
(b)纵纹方向轮廓快照扰动

在敏感性分析中,考虑如下四种误差扰动情形,分别是情形 a(-5%,-5%)、情形 b(-5%,+5%)、情形 c(+5%,-5%)以及情形 d(+5%,+5%)。在每一种误差扰动情况下,将括号内的扰动值分别施加在压痕轮廓快照 S_T 和 S_L 上。因此,上述四种情形表示四种可能的误差扰动组合。

在上述四种敏感性分析情形下,反推所得的 $SiC_w/A6061$ 材料的正交塑性参数见表 3-9。在此处,权重因子取定值为 0.5。从表 3-9 中可以看出,在这四种敏感性情况下,反推所得的正交塑性参数标准差非常小。在这四种敏感性分析情形中,屈服应力 σ_{YT} 的最大标准差为 0.013 14(表 3-9 中情形 d),硬化指数 n 的最大标准差为 4.33e-5(表 3-9 中的情形 b),屈服应力 σ_{YL} 的最大标准差为 0.035 18(表 3-9 中情形 b)。结果表明,在这四种敏感性分析情况中,参数识别的数值迭代计算过程收敛性非常好。而且,与单轴压缩实验参数比较可知,反推所得正交塑性参数中,屈服应力 σ_{YL} 的最大误差为 -2.25%(表 3-9 中情形 d),硬化指数 n 的最大误差为 -12.74%(表 3-9 中情形 d)屈服应力 σ_{YL} 的最大误差为 2.29%(表 3-9 中情形 a)。此外,反推所得的硬化指数 n 表现出了较大的误差值,这意味着硬化参数 n 对于实验误差更为敏感。

同样研究了这四种敏感性分析情形下权重因子对于反推所得的 $SiC_w/A6061$ 材料正交塑性参数的影响,结果如图 3-37 所示。从图 3-37 中可以看出,当权重因子取值为 $0 \leqslant \lambda \leqslant 0.8$ 时,反推所得的 $SiC_w/A6061$ 材料正交塑性参数相比于单轴压缩实验结果而言误差非常小。其中,反推所得的屈服应力 σ_{YT} 的最大误差为 -2.77%,反推所得应变硬化指数 n 的最大误差为 -11.6%,反推所得屈服应力 σ_{YL} 的最大误差为 3.16%。结果表明,采用压痕轮廓建立的正交塑性参数识别的反问题具有较好的适定性,即在研究中所建立的仅采用压痕轮廓识别材料正交塑性参数的方法是非常稳定和可靠的。

表 3-9　实验误差对反推所得 SiC_w/A6061 材料正交塑性参数的影响

单轴实验数据		σ_{YT} /MPa	n	σ_{YL} /MPa
		281	224	0.142
a：(−5%，−5%)	压痕结果	223.04	0.131	287.42
	标准差	0.008 968	2.78e−17	0.033 40
	误差（%）	−0.43	−8.03	2.29
b：(−5%，+5%)	压痕结果	220.97	0.127	282.06
	标准差	0.010 26	4.33E−05	0.035 18
	误差（%）	−1.35	−10.26	0.38
c：(+5%，−5%)	压痕结果	221.32	0.127	284.15
	标准差	0.007 555	0	0.022 56
	误差（%）	−1.20	−10.78	1.12
d：(+5%，+5%)	压痕结果	218.95	0.124	278.80
	标准差	0.013 14	3.31E−05	0.018 25
	误差（%）	−2.25	−12.74	−0.78

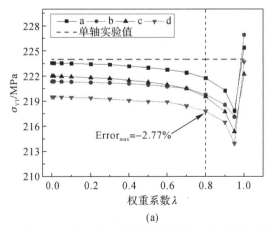

(a)

图 3-37　在 a,b,c 和 d 四种不同敏感性分析情形下,权重因子对反推所得
SiC_w/A6061 材料正交塑性参数识别结果的影响

(a)σ_{YT};

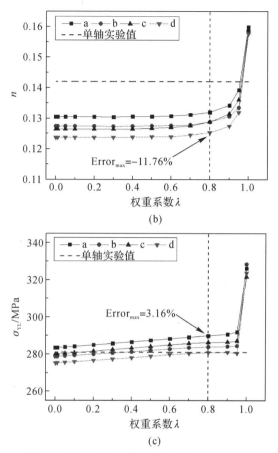

续图 3 - 37 在 a,b,c 和 d 四种不同敏感性分析情形下,权重因子对反推所得

SiC$_w$/A6061 材料正交塑性参数识别结果的影响

(b)n;(c)σ_{YL}

第 4 章

基于贝叶斯推断及压痕测试的材料塑性参数
识别及可信域研究

仪器化压痕测试方法为钣金材料弹塑性力学性能的实验检测提供了极大的便利,是当前国际上学术研究的热点问题之一。基于有限元分析,研究者们为通过压痕测试来获取材料的塑性力学性能参数做出了许多努力。先前的研究工作大体可以分为以下两种类型。在第一种类型中量量纲分析方法被用来建立材料性能参数与压痕载荷-位移曲线响应特征量之间的关系,然后通过联合求解若干无量纲函数来反推被测试材料的本构参数。在第二种类型中,则通过大量的有限元分析,以及采用成熟的优化算法反向求解合理定义的目标函数,以校准被测试材料硬化模型从而达到参数识别的目的。在这些先前的研究工作中,材料参数的识别本质上是一个优化过程,以不断缩减实验和仿真量之间的误差来确定被测试材料的力学性能参数。因此,在参数识别中,这些类型的参数识别过程非常容易陷入局部最小,从而给出不适定的材料参数解。此外,在这些先前的研究工作中,并没有考虑到潜在的模型和实验不确定性。

在压痕实验中,测量数据总是不可避免地受到一些不确定因素的影响,如材料微结构的不均匀性以及实验仪器测试的不准确性等。对于这些基于优化求解过程的压痕测试方法,仅能够给出材料反分析结果的单个估计点。然而,当存在实验测量误差时,实验测量量的一个小的数据扰动可能会引起反分析获得的材料参数解的较大偏差,从而极大地削减了所建立压痕测试方法的可靠性和有效性。值得注意的是,这种现象会在对应反问题适定性非常弱的时候,表现得非常明显。因此,有必要在压痕问题研究中考虑潜在的模型和实验的不确定性问题,并进一步给出反向分析获得的材料性能参数解的可信域。

在本章中,将引入统计学贝叶斯推断方法,以在压痕问题中考虑到潜在的模型和实验的不确定性。此外,在研究中将不直接求解压痕参数反求中所涉及的贝叶斯推断问题,相反地,将首先建立压痕加载 $P-h$ 曲线形状快照的子空间。基于压痕加载 $P-h$ 曲线形状快照子空间中坐标与材料本构参数之间的关联,推导出相应的统计学贝叶斯模型。结合 20MnB5 钢的球形压痕实验加载 $P-h$ 曲线,通过数值求解给出反推所得材料塑性参数解及其可信域分布。最后,对硬化模型和压痕深度对参数识别结果的影响进行分析。

|4.1　待识别材料及压痕实验介绍|

在这里选取的对象材料为 20MnB5 钢。由于热轧制过程,该材料有非常均匀的微结构组织,单轴和压痕实验结果的可重复性较好。图 4-1 所示为单轴拉伸实验所获得的 20MnB5 钢的真实应力-应变关系曲线。Moussa 等人在其研究中对该种材料的拉伸及压痕实验进行过介绍。其弹性模量为 210 GPa。在研究中,分别采用 Hollomon 和 Ludwigson 两种硬化法则来描述 20MnB5 钢的真实应力-应变关系曲线。Hollomon 硬化法则在第 3 章中已经进行过介绍。在这里不再叙述。

Ludwigson 硬化法则相比而言稍微复杂一些,表示为

$$\sigma = \begin{cases} E\varepsilon, & \varepsilon < \varepsilon_y \\ \sigma_y + K\varepsilon_p^n, & \varepsilon \geqslant \varepsilon_y \end{cases} \qquad (4-1)$$

其中,ε_p 为塑性应变,$\varepsilon = \varepsilon_p + \varepsilon_e$,$\varepsilon_e$ 为弹性应变。

Ludwigson 硬化法则在压痕问题分析中也得到了广泛应用。对于某些合金,在低应变条件下,Ludwigson 硬化法则能够给出比 Hollomon 硬化法则更高的拟合精度。采用 Hollomon 和 Ludwigson 硬化法则拟合所得 20MnB5 钢的塑性参数结果见表 4-1。后续将采用压痕法识别所得材料性能参数与单轴实验

数据进行对比，以验证压痕法反分析所得材料性能参数的正确性。

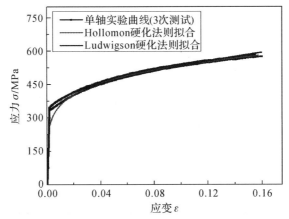

图 4-1　20MnB5 钢的真实应力-应变曲线

表 4-1　采用 Hollomon 和 Ludwigson 法则拟合所得 20MnB5 钢的塑性参数

硬化法则	σ_y /MPa	K /MPa	n
Hollomon	246.2	802.0	0.175
Ludwigson	336.5	717.1	0.554

　　从图 4-1 中可以看出，Hollomon 硬化法则并不能很好地用于描述 20MnB5 钢的真实应力-应变曲线。在该材料的单轴拉伸真实应力-应变曲线上，屈服应力约为 340 MPa。然而，采用 Hollomon 硬化法则拟合所得的屈服应力为 246.2 MPa。对于材料后继应变硬化行为，Hollomon 和 Ludwigson 法则都能够给出较好描述。在这里需要注意的是，尽管 Ludwigson 法则能够更为准确地描述 20MnB5 钢的应变硬化行为，但在研究中对于所选取的不同硬化模型，得到的参数识别结果是不同的。因此，在材料塑性参数识别研究中，这两种硬化模型都会被采用，并且要对参数识别中所获得的数值结果进行比较和分析。

　　图 4-2 所示为 20MnB5 钢的压痕实验加载曲线。球形压痕实验在仪器化的压痕实验设备上进行。压头为碳化钨刚性球体，其半径为 0.5 mm。在图 4-2 中可以看到，在三次独立压痕加载实验中获得的载荷-位移关系曲线的可重复性非常好。在压痕实验中，最大压入深度 h_{max} 为 0.115 μm。因此，最大压入深度与压头半径的比值 h_{max}/R 为 0.23。在压痕问题研究中，这里的压痕深度是一个比较大的值。

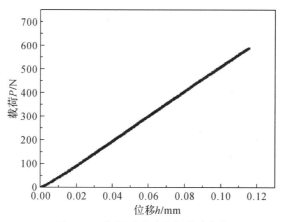

图 4 - 2　球形压痕实验载荷-位移曲线

|4.2　基于贝叶斯理论的材料塑性参数识别方法建模|

4.2.1　统计学贝叶斯推断模型

在基于压痕响应求解材料塑性力学性能问题中的贝叶斯统计学推断模型可以表示为下式的形式：

$$f(\boldsymbol{c}\,|\,\boldsymbol{S}^{\exp},M_{c^*})=\frac{f(\boldsymbol{S}^{\exp}\,|\,\boldsymbol{c},M_{c^*})\cdot f(\boldsymbol{c}\,|\,M_{c^*})}{f(\boldsymbol{S}^{\exp}\,|\,M_{c^*})} \tag{4-2}$$

其中，M_{c^*} 为所选取的材料硬化模型，在这里指的是 Hollomon 或 Ludwigson 硬化模型。$\boldsymbol{S}^{\exp}$ 为实验获得的压痕载荷位移曲线形状快照，也称为压痕 $P-h$ 曲线形状快照；$\boldsymbol{S}^{\exp}$ 是一个向量，其中包含着实验的力值 p_1，p_2，$\cdots p_n$，对应于每一个相应的压痕深度值 h_1，h_2，$\cdots h_n$。所以，n 表示向量 $\boldsymbol{S}^{\exp}$ 的维数，也同样是向量 $\boldsymbol{S}^{\exp}$ 中压痕力值的个数。贝叶斯公式建立了条件概率及其逆之间的联系。其中，$f(\boldsymbol{c}\,|\,M_{c^*})$ 为材料本构参数 $\boldsymbol{c}$ 的先验信息，也称为先验概率（prior probability），$f(\boldsymbol{c}\,|\,\boldsymbol{S}^{\exp},M_{c^*})$ 表示后验概率（posterior probability），而 $f(\boldsymbol{S}^{\exp}\,|\,\boldsymbol{c},M_{c^*})$ 则表示似然函数（likelihood function）。$f(\boldsymbol{S}^{\exp}\,|\,M_{c^*})$ 是一个标准化常量（evidence term），它是一个常数且不依赖于材料本构参数 $\boldsymbol{c}$。

先验信息通常假定为在所考虑的材料本构参数范围内服从均匀分布。因此，本构参数 $\boldsymbol{c}$ 的后验密度函数可以表示为

$$f(\boldsymbol{c}\,|\,\boldsymbol{S}^{\exp},M_{c^*})=L\cdot f(\boldsymbol{S}^{\exp}\,|\,\boldsymbol{c},M_{c^*})\cdot f(\boldsymbol{c}\,|\,M_{c^*}) \qquad (4-3)$$

其中,L 是一个标准常数,并且 $L=1/\int f(\boldsymbol{S}^{\exp}\,|\,\boldsymbol{c},M_{c^*})\cdot f(\boldsymbol{c}\,|\,M_{c^*})\,\mathrm{d}\boldsymbol{c}$;函数 $f(\boldsymbol{S}^{\exp}\,|\,\boldsymbol{c},M_{c^*})$ 为基于所假定的材料本构模型 M_{c^*} 和本构参数 $\boldsymbol{c}$ 基础上,实验观察数据的似然函数。式(4-2)中所定义的贝叶斯推断公式的目的在于建立本构参数 $\boldsymbol{c}$ 的后验密度函数,以便于通过对后验密度函数 $f(\boldsymbol{c}\,|\,\boldsymbol{S}^{\exp},M_{c^*})$ 选样来确定向量 $\boldsymbol{c}$ 中材料未知本构参数的分布形式。

对于贝叶斯推断而言,似然函数的建立至关重要。在球形压痕过程中,相应的数学问题可以采用下式中的物理模型 f 来表示,则有

$$\boldsymbol{S}^{\exp}=f(\boldsymbol{X}\,|\,\boldsymbol{c},M_{c^*})+\boldsymbol{e} \qquad (4-4)$$

其中,$\boldsymbol{X}$ 表示物理模型 $f(\boldsymbol{X}\,|\,\boldsymbol{c},M_{c^*})$ 计算中输入的材料应力应变点对。式(4-4)中的物理模型用于依据所假定的本构模型 M_{c^*},以及所给的材料本构参数 $\boldsymbol{c}$ 来预测被测试材料的压痕响应量。

然而,在实际的压痕实验中,实验结果总是不可避免地受到各种不确定因素的影响,比如,材料微结构的不均匀性以及实验测试设备的不准确性等原因。仅用物理模型 $f(\boldsymbol{X}\,|\,\boldsymbol{c},M_{c^*})$ 很难给出材料实际压痕响应的准确预测。因此,需要在式(4-4)中引入压痕实验结果的不确定性因素,将其表示为 $\boldsymbol{e}$。在这里,不确定因素 $\boldsymbol{e}$ 定义为可能的压痕响应实验不确定性,并假定服从均值为零的正态分布。因此,不确定因素 $\boldsymbol{e}$ 中的每一个值可以表示为 $e_j \sim N(0,\sigma^2)$。其中,σ^2 表示为所建立不确定性模型中的未知方差,e_j 可以表示为

$$e_j=\left[S_j^{\exp}-f_j(\boldsymbol{X}\,|\,\boldsymbol{c},M_{c^*})\right]\sim N(0,\sigma^2) \qquad (4-5)$$

其中,在实验加载 $P-h$ 曲线形状快照 $\boldsymbol{S}^{\exp}$ 中的任意第 j 个值表示为 $S_j^{\exp}$,且其似然函数可以表示为

$$f(S_j^{\exp}\,|\,\boldsymbol{c},M_{c^*})=\frac{1}{\sqrt{2\pi\sigma^2}}\exp\left\{-\frac{\left[S_j^{\exp}-f_j(\boldsymbol{X}\,|\,\boldsymbol{c},M_{c^*})\right]}{2\sigma^2}\right\},\ j=1,2,\cdots,n$$

$$(4-6)$$

其中,$f_j(\boldsymbol{X}\,|\,\boldsymbol{c},M_{c^*})$ 表示依据观察数据 $\boldsymbol{X}$、本构模型 M_{c^*} 和给定本构参数 $\boldsymbol{c}$,对实验 $P-h$ 曲线形状快照 $S_j^{\exp}$ 的预测量。因此,与实验 $P-h$ 曲线形状快照 $\boldsymbol{S}^{\exp}$ 相应的似然函数可以表示为

$$f(\boldsymbol{S}^{\exp}\,|\,\boldsymbol{c},M_{c^*})=\prod_{j=1}^{n}f(S_j^{\exp}\,|\,\boldsymbol{c},M_{c^*})$$

$$=(2\pi\sigma^2)^{-\frac{n}{2}}\exp\left\{-\frac{\sum_{j=1}^{n}\left[S_j^{\exp}-f_j(\boldsymbol{X}\,|\,\boldsymbol{c},M_{c^*})\right]^2}{2\sigma^2}\right\} \qquad (4-7)$$

其中，$\sum\limits_{j=1}^{n}\left[S_{j}^{\mathrm{exp}}-f_{j}\left(\boldsymbol{X}\mid\boldsymbol{c},M_{c^{*}}\right)\right]^{2}$ 可以表示为 $\left\|\boldsymbol{S}^{\mathrm{exp}}-f\left(\boldsymbol{X}\mid\boldsymbol{c},M_{c^{*}}\right)\right\|^{2}$。符号 $\|\cdot\|$ 表示向量的 2 范数。在这里，物理模型 $f\left(\boldsymbol{X}\mid\boldsymbol{c},M_{c^{*}}\right)$ 的数值源于直接有限元仿真计算。值得注意的是，通过大量直接有限元计算来获取物理模型 $f\left(\boldsymbol{X}\mid\boldsymbol{c},M_{c^{*}}\right)$ 的数值是非常耗时的，这一点将在后续内容中进一步探讨。

4.2.2 后验传递式马尔科夫链蒙特卡洛选样

采用马尔科夫链蒙特卡罗方法（MCMC）对后验密度函数 $f\left(\boldsymbol{c}\mid\boldsymbol{S}^{\mathrm{exp}},M_{c^{*}}\right)$ 进行抽样可以得到本构模型 $M_{c^{*}}$ 的未知参数 $\boldsymbol{c}$。马尔科夫链蒙特卡罗方法的目的在于，模拟一个马尔科夫链可以收敛到目标后验密度函数。通常，依据给定后验概率密度函数产生样本的随机仿真方法非常多，比如著名的 Metropolis-Hasting（M–H）方法等。然而，这些选样方法的效率严重依赖于所选择的提议函数，尤其是对于具有尖峰的后验密度函数，或者当后验密度函数有不止一个峰顶的时候（多模）。

在研究中选取传递式马尔科夫链（TMCMC）方法对后验概率密度函数进行选样。该算法基于 M–H 算法和选样–重要性选样（sampling-importance-resampling）算法的组合，并且能够有效避免上述其他 MCMC 方法所存在的缺点。TMCMC 算法采用一系列中间概率密度函数，从先验概率函数 $f\left(\boldsymbol{c}\mid M_{c^{*}}\right)$ 收敛到目标概率密度函数 $f\left(\boldsymbol{c}\mid\boldsymbol{S}^{\mathrm{exp}},M_{c^{*}}\right)$。这些中间概率密度函数定义如下：

$$f_{j}\left(\boldsymbol{c}\mid\boldsymbol{S}^{\mathrm{exp}},M_{c^{*}}\right)\propto f\left(\boldsymbol{c}\mid M_{c^{*}}\right)\cdot f\left(\boldsymbol{S}^{\mathrm{exp}}\mid\boldsymbol{c},M_{c^{*}}\right)^{q_{j}},\quad j=0,\cdots,m$$

$$\text{(4-8a)}$$

且

$$0=q_{0}<q_{1}<\cdots<q_{m}=1 \qquad\qquad\text{(4-8b)}$$

其中，下标 j 表示阶段数。在这里，初始概率密度函数 $f_{0}\left(\boldsymbol{c}\mid\boldsymbol{S}^{\mathrm{exp}},M_{c^{*}}\right)$ 与先验密度函数 $f\left(\boldsymbol{c}\mid M_{c^{*}}\right)$ 成比例，而最终的概率密度函数 $f_{m}\left(\boldsymbol{c}\mid\boldsymbol{S}^{\mathrm{exp}},M_{c^{*}}\right)$ 则与概率密度函数 $f\left(\boldsymbol{c}\mid\boldsymbol{S}^{\mathrm{exp}},M_{c^{*}}\right)$ 成比例。采用这些中间概率密度函数能够确保在两个相邻的中间概率密度函数之间非常小而平滑地转变，比如，所选取样本从概率密度函数 $f_{j}\left(\boldsymbol{c}\mid\boldsymbol{S}^{\mathrm{exp}},M_{c^{*}}\right)$ 到概率密度函数 $f_{j+1}\left(\boldsymbol{c}\mid\boldsymbol{S}^{\mathrm{exp}},M_{c^{*}}\right)$ 的转变。

TMCMC 选样算法包含了一系列的再选样阶段，并且它在每一个阶段采用如下的过程进行。对于按照概率密度函数 $f_{j}\left(\boldsymbol{c}\mid\boldsymbol{S}^{\mathrm{exp}},M_{c^{*}}\right)$ 形式分布的给定 M 个样本 $\{\boldsymbol{c}_{k,j}:k=1,\cdots,M_{j}\}$，该算法通过重选样 $\{\boldsymbol{c}_{k,j}:k=1,\cdots,M_{j}\}$，以概率密度函数 $f_{j+1}\left(\boldsymbol{c}\mid\boldsymbol{S}^{\mathrm{exp}},M_{c^{*}}\right)$ 形式分布获取样本分布 $\{\boldsymbol{c}_{k,j+1}:k=1,\cdots,M_{j+1}\}$。其

中，k 表示第 k 组类似样本的下标。这个再选样过程依据定义"合适权重"$\{w_{1,j}, w_{2,j}, \cdots, w_{M_j,j}\}$ 来实现，其定义形式如下：

$$w(\boldsymbol{c}_{k,j}) = f\left(\boldsymbol{S}^{\exp} \mid \boldsymbol{c}_{k,j}, M_{c^*}\right)^{q_{j+1}-q_j}, \quad k = 1, \cdots, M_j \tag{4-9}$$

式（4-9）中所定义的"合适权重"用于量化第 j 次中间概率密度函数中的样本出现在第 $j+1$ 次中间概率函数中的可能性。通过下式所定义的形式进行再选样过程：

$$\boldsymbol{c}_{k,j+1} = \boldsymbol{c}_{g,j} \ \text{w. p.} \ \frac{w(\boldsymbol{c}_{g,j})}{\sum\limits_{i=1}^{M_j} w(\boldsymbol{c}_{g,j})}, \quad k = 1, \cdots, M_{j+1} \tag{4-10}$$

其中，符号 w. p. 表示相应的概率大小；g 是一个虚拟指标。随着阶段数 j 的增加，特有的样本数 c 会下降。为防止此现象的发生，在单次时间步中一个 M－H 移动将在每次对 c 的再选样中采用，且目标概率密度函数等价于 $f_{j+1}(\boldsymbol{c} \mid \boldsymbol{S}^{\exp}, M_{c^*})$。在 TMCMC 算法中，指数 $\{q_1, q_2, \ldots, q_{m-1}\}$ 需要被合适地选取，以便获取在相邻中间概率密度函数的平滑转变。Ching 和 Chen 建议 q_j 要采用自适应来获取，以使系数 $\{w_{1,j}, w_{2,j}, \cdots, w_{M_j,j}\}$ 的变化达到 100%。更多关于此算法的信息可以参考相关文献。

4.2.3　贝叶斯模型更新及参数识别

在贝叶斯模型更新的过程中，后验选样通常需要上千甚至上万个样本。在这个过程中，对于每一个样本的模型评估[如对式（4-7）中 $f_j(\boldsymbol{X} \mid \boldsymbol{c}, M_{c^*})$ 的计算]都需要直接的有限元仿真，这在实际中的计算量是极大的，并且难以实现。在研究中，首先采用正交分解算法来建立压痕加载 P-h 曲线形状快照的正交子空间，并在子空间中建立压痕加载 P-h 曲线形状快照子空间坐标与材料本构参数之间的显式关系表达式。然后，考虑在所建立的压痕加载 P-h 曲线形状快照子空间中进行贝叶斯模型更新。这样做的优势在于，可以在后验抽样计算中避免大量直接的有限元仿真，从而极大地减少总的计算量，提高计算效率。下面将逐步介绍在压痕 P-h 曲线形状快照子空间中进行贝叶斯模型更新的步骤。

将在压痕仿真中获得的载荷序列值 $p_1, p_2, \cdots, p_n$ 存储在向量 $\boldsymbol{S}_i$ 中。这个向量定义为压痕加载 P-h 曲线的形状快照。其中，P-h 曲线形状快照 $\boldsymbol{S}_i$ 中的值由对于材料 c_i^* 依据本构模型 $M_{c^*}(c_1, c_2, \cdots, c_l)$，采用有限元仿真计算所得。因此，$\boldsymbol{S}_i \in \mathbf{R}^n$ 且 n 同时也是在仿真计算中输出的整个加载曲线载荷/位移增量的个数。在所假定的本构模型中，总共有 l 个塑性参数 $c_1, c_2, \cdots, c_l$，且向量 $\boldsymbol{c} \in$

R^l。一系列压痕加载 $P-h$ 曲线形状快照的平均快照 $\bar{S}$ 表示为

$$\bar{S} = \frac{1}{N} \sum_{i=1}^{N} S_i \tag{4-11}$$

其中,$S_1, S_2, \cdots, S_N$ 表示为 N 个给定材料 $c_1^*, c_2^*, \cdots, c_N^*$ 在预定最大压痕加载深度 $h_{\max}$ 条件下的有限元仿真所得压痕加载 $P-h$ 曲线形状快照序列。在这里,N 值表示总的用于建立压痕加载 $P-h$ 曲线形状快照子空间的材料参数组合对数,且 $c_1^*, c_2^*, \cdots, c_N^*$ 表示在参数设计空间中的 N 种不同的材料参数组合。向量 $\bar{S}$ 表示平均的压痕加载 $P-h$ 曲线形状快照。相应的中心化压痕 $P-h$ 曲线形状快照保存在矩阵 S 中,表示为

$$S = \begin{bmatrix} S_1 - \bar{S} & S_2 - \bar{S} & S_3 - \bar{S} & \cdots & S_N - \bar{S} \end{bmatrix} \tag{4-12}$$

中心矩阵 S 的协方差矩阵定义为 SS^{T}。对矩阵 S 进行奇异值分解可以得到。

$$S = UDV^{\mathrm{T}} \tag{4-13}$$

其中,U 和 V 为酉矩阵,且 $U \in R^{n \times n}$,$U^{\mathrm{T}} U = I$,$V \in R^{N \times N}$ 且 $V^{\mathrm{T}} V = I$。D 为对角矩阵,其中包含着矩阵 S 的奇异值,且 $D \in R^{N \times n}$。协方差矩阵 SS^{T} 可以写成 $SS^{\mathrm{T}} = UDV^{\mathrm{T}} (UDV^{\mathrm{T}})^{\mathrm{T}} = U\Sigma U^{\mathrm{T}}$。因此,$U$ 为协方差矩阵的特征向量矩阵,且 Σ 包含矩阵 SS^{T} 相应的特征值。在这里,矩阵 U 中的每一列定义为 U_i,且 $U = \begin{bmatrix} U_1 U_2 \cdots U_N \end{bmatrix}$。矩阵 S 中的每一个压痕 $P-h$ 曲线形状快照 S_i 可以采用下式的形式进行重建,

$$S_i = \bar{S} + U\alpha_i = \bar{S} + \sum_{j=1}^{N} U_j \alpha_{ij} \tag{4-14}$$

其中,矩阵 U 中的每一列构成了正交基。该矩阵被用于重建矩阵 S 中的每一列;α_{ij} 表示向量 α_i 中第 j 个序列值。向量 α_i 是压痕 $P-h$ 曲线形状快照 S_i 在正交基系统(也称为子空间)中对应的坐标,可以表示为

$$\alpha_i = U^{\mathrm{T}} (S_i - \bar{S}) \tag{4-15}$$

在这里,已经通过式(4-15)建立了压痕 $P-h$ 曲线形状快照 S_i 子空间及其与对应子空间坐标 α_i 之间的关系。进一步,将子空间坐标矩阵 α 与材料本构参数 c^* 的依赖关系表示为如下形式:

$$\beta_i^j (c_j^*) = k^{\mathrm{T}} (c_j^*) a^i, \quad i = 1, 2, \cdots, N \tag{4-16}$$

其中,矩阵 β 表示为子空间坐标矩阵 α 的转置,即 $\beta = \alpha^{\mathrm{T}}$;向量 β_i 表示矩阵 β 的第 i 列,且 β_i^j 表示向量 β_i 中的第 j 个值;k 表示为多项式基;向量 a^i 表示相应参数化表示系数,用于建立 β_i 和 c^* 之间的关系。因为矩阵 α 等同于矩阵 β 的转置,式(4-16)实质上也表示子空间坐标矩阵 α 和材料本构参数 c^* 之间的关系。

压痕实验加载 $P-h$ 曲线形状快照在子空间的坐标定义为 $\boldsymbol{\alpha}^{\exp}$，且可以通过下式获得：

$$\boldsymbol{\alpha}^{\exp}=\boldsymbol{U}^{\mathrm{T}}(\boldsymbol{S}^{\exp}-\bar{\boldsymbol{S}}) \qquad (4-17)$$

在这里，已经建立了材料本构模型塑性参数和压痕加载 $P-h$ 曲线形状快照之间的正向关系，并且构建了压痕 $P-h$ 曲线形状快照子空间。基于此，在压痕 $P-h$ 曲线形状快照子空间中进行贝叶斯模型更新。依据式（4-15）和式（4-17），将式（4-7）中项 $\boldsymbol{S}^{\exp}-f(\boldsymbol{X}\,|\,\boldsymbol{c},M_{c^*})$ 表示为

$$\begin{aligned}\boldsymbol{S}^{\exp}-f(\boldsymbol{X}\,|\,\boldsymbol{c},M_{c^*})&=(\boldsymbol{S}^{\exp}-\bar{\boldsymbol{S}})-[f(\boldsymbol{X}\,|\,\boldsymbol{c},M_{c^*})-\bar{\boldsymbol{S}}]\\&=\boldsymbol{U}[\boldsymbol{\alpha}^{\exp}-\boldsymbol{\alpha}(\boldsymbol{X}\,|\,\boldsymbol{c},M_{c^*})]\end{aligned} \qquad (4-18)$$

因此，式（4-7）中的似然函数可以表示为

$$f(\boldsymbol{S}^{\exp}\,|\,\boldsymbol{c},M_{c^*})=(2\pi\sigma^2)^{-\frac{n}{2}}\exp\left\{-\frac{\|\boldsymbol{U}[\boldsymbol{\alpha}^{\exp}-\boldsymbol{\alpha}(\boldsymbol{X}\,|\,\boldsymbol{c},M_{c^*})]\|^2}{2\sigma^2}\right\} \qquad (4-19)$$

在此处，方差 σ^2 未知，可以通过式（4-19）的最大似然估计求出。这个过程可以通过对 $f(\boldsymbol{S}^{\exp}\,|\,\boldsymbol{c},M_{c^*})$ 的对数关于 σ^2 求偏导实现，表示为

$$\mathrm{d}/\mathrm{d}\sigma^2\log f(\boldsymbol{S}^{\exp}\,|\,\boldsymbol{c},M_{c^*})=0 \qquad (4-20)$$

计算式（4-20）可以得到

$$\hat{\sigma}^2=\|\boldsymbol{U}[\boldsymbol{\alpha}^{\exp}-\boldsymbol{\alpha}(\boldsymbol{X}\,|\,\boldsymbol{c},M_{c^*})]\|^2/n \qquad (4-21)$$

因此，将似然函数表示为压痕加载 $P-h$ 曲线形状快照子空间的形式，即

$$f(\boldsymbol{S}^{\exp}\,|\,\boldsymbol{c},M_{c^*})=\left(\frac{n}{2\pi\|\boldsymbol{U}[\boldsymbol{\alpha}^{\exp}-\boldsymbol{\alpha}(\boldsymbol{X}\,|\,\boldsymbol{c},M_{c^*})]\|^2}\right)^{\frac{n}{2}}\exp\left(-\frac{n}{2}\right) \qquad (4-22)$$

在式（4-22）中，似然函数中的实验信息采用压痕实验 $P-h$ 曲线形状快照 $\boldsymbol{S}^{\exp}$ 的子空间坐标 $\boldsymbol{\alpha}^{\exp}$ 来表示。在进行正交分解计算子空间坐标时，仍然采用特征矩阵 $\boldsymbol{U}$ 的全基不截断，以提高计算的精度。

值得注意的是，当完整建立压痕曲线形状快照的子空间时，将得到矩阵 $\boldsymbol{U}$ 和向量 $\boldsymbol{\alpha}^{\exp}$，并且可以通过式（4-16）的显式关系直接得到 $\alpha(\boldsymbol{X}\,|\,\boldsymbol{c},M_{c^*})$。因此，在 TMCMC 选样过程中每一个样本的模型评估可以迅速进行，从而避免了原本公式[式（4-7）]中每个样本模型评估时所采用的直接有限元仿真计算，可以取得非常高的计算效率。

4.2.4 子空间坐标与材料塑性参数的关联

建立了在压痕加载 $P-h$ 曲线形状快照正交子空间中进行贝叶斯模型更新

的计算方法。在式(4-16)中,对压痕加载 P-h 曲线形状快照正交子空间坐标与材料塑性参数之间的关系进行了关联。在这里,将仔细介绍式(4-16)中压痕加载 P-h 曲线形状快照正交子空间坐标与材料塑性参数之间的关联过程,借助于球形压痕有限元仿真建立式(4-16)的显式表达式,并对式(4-16)的有效性进行验证。

压痕过程的数值仿真采用 ABAQUS 商用有限元软件来进行。采用遵循 J_2 相关流动法则的大变形有限元来描述各向同性材料球形压痕弹塑性接触问题。考虑到压痕几何及材料性能的对称性,建立二维轴对称有限元模型。图4-3 所示为所建立的球形压痕有限元模型、网格及边界条件。压头和试件均为变形体,采用 CAX4R 单元类型。压头半径为 0.5 mm,其弹性模量为 600 GPa,泊松比为 0.23。试件尺寸为 4 mm,该尺寸足够大,能避免远边界条件对数值模拟结果的影响。在压头与试件的局部接触区域进行网格加密,以提高压痕仿真结果计算的精度。在这里,所建立的有限元模型思想与图3-6 中类似,仅在模型尺寸和压头加载方式上有所差别。由于实验时压头半径大小不一样,在此处需要重新建立有限元模型,主要考虑将压痕加载的 P-h 曲线作为有效响应信息,采用位移控制模式进行有限元仿真计算。

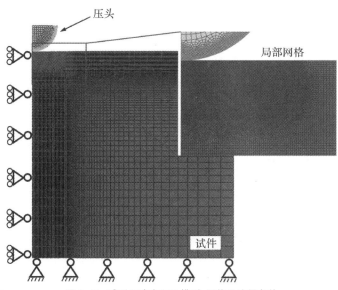

图4-3 球形压痕有限元模型、网格及边界条件

在模型中,试件所采用的单元总数目为 15 100 个,压头所采用的单元总数目为 1 685 个。压头与试件接触表面的接触摩擦因数为 0.1。对试件底部的节点进行固定约束。压头移动采用位移控制,直到预定的最大加载深度 $h_{max}=115$

基 于

$\mu m(h_{max}/R=0.23)$为止。在仿真计算输出中,压痕力/位移值在每个增量$\Delta h/R$处输出,且$\Delta h/R$的取值为2。因此,在仿真中,总的位移/力增量输出点数为115(该值同样是压痕加载$P-h$曲线形状快照S_i的维数)。此外,在计算压痕实验加载$P-h$曲线形状快照S^{exp}对应子空间坐标α^{exp}时,首先采用B样条曲线对实验快照数据进行插值拟合,再依据仿真设定中的加载位移增量序列对实验数据进行重现,从而使实验加载$P-h$曲线形状快照数据和相应仿真加载$P-h$曲线形状快照数据点相匹配;然后依据式(4-17)计算压痕实验加载$P-h$曲线形状快照S^{exp}对应子空间坐标α^{exp}。

图4-4所示为材料20MnB5钢有限元仿真和实验加载曲线之间的比较。在这里,分别将20MnB5钢由Hollomon和Ludwigson硬化法则拟合所得单轴拉伸应力-应变曲线作为有限元计算输入量进行有限元仿真,并将仿真所得加载$P-h$曲线与实验曲线进行比较。从图4-4中可以看出,实验和仿真所得的压痕加载曲线吻合得非常好,证明了所建立的球形压痕有限元模型是有效的。

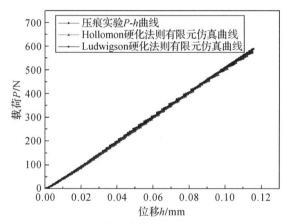

图4-4 实验与仿真载荷位移关系曲线的比较

采用所建立参数识别方法,结合20MnB5钢的球形压痕实验加载$P-h$曲线来分别反求该材料满足Hollomon和Ludwigson硬化法则的塑性参数。在研究中着重于关注材料硬化模型塑性参数的识别,仅球形压痕实验加载$P-h$曲线被用于分析中。材料的弹性模量假定为定值$E=210$ GPa。在进行压痕加载$P-h$曲线形状快照子空间的建立时,需要首先确定材料塑性参数的设计空间。对于Hollomon硬化法则,所选取的塑性参数设计空间为:150 MPa$\leqslant \sigma_y \leqslant 360$ MPa,$0.085 \leqslant n \leqslant 0.265$。对于Ludwigson硬化法则,所选取的塑性参数设计空间为:245 MPa$\leqslant \sigma_y \leqslant 425$ MPa,565 MPa$\leqslant K \leqslant 865$ MPa,$0.085 \leqslant n \leqslant 0.265$。

图4-5所示为一系列有限元仿真所得压痕加载$P-h$曲线形状快照。通过

一系列有限元仿真加载 $P-h$ 曲线形状快照,结合所建立正交分解算法构建压痕加载 $P-h$ 曲线形状快照子空间。

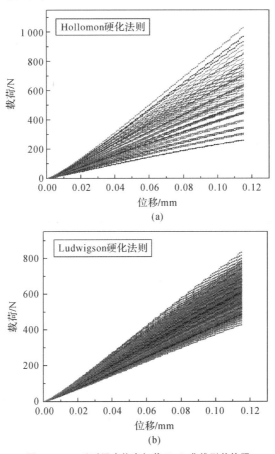

图 4 - 5　一系列压痕仿真加载 $P-h$ 曲线形状快照
(a)对应 Hollomon 硬化法则;(b)对应 Ludwigson 硬化法则

　　以下是基于有限元计算对式(4 - 16)中压痕加载 $P-h$ 曲线正交子空间坐标与材料塑性参数之间关系的建立过程所进行的详细描述:在式(4 - 16)中,$\boldsymbol{\alpha}_i$ 表示子空间坐标矩阵 $\boldsymbol{\alpha}$ 的第 i 列,其同样也表示对应于材料参数组合 c_i^* 的压痕加载 $P-h$ 曲线形状快照的子空间坐标。将矩阵 $\boldsymbol{\alpha}$ 的转置表示为 $\boldsymbol{\beta}$,即存在关系 $\boldsymbol{\beta}=\boldsymbol{\alpha}^{\mathrm{T}}$。在矩阵 $\boldsymbol{\beta}$ 中的第 i 列表示为 $\boldsymbol{\beta}_i$。在材料参数的设计空间中,总共存在 N 种塑性参数的不同组合。在这里,向量 $\boldsymbol{\beta}_i$ 包含子空间坐标矩阵 $\boldsymbol{\alpha}$ 第 i 行中总共的 N 个值,并且这些值对应于材料参数设计空间本构参数 c^* 的 N 个不同组合。对于 Hollomon 硬化法则而言具有 2 个塑性参数,采用二次多项式基,定

义为 $\boldsymbol{k} = \begin{bmatrix} 1 & x & y & xy & x^2 & y^2 \end{bmatrix}^{\mathrm{T}}$。其中，参数 x 和 y 分别表示塑性参数 σ_y 和 n。对于 Ludwigson 硬化法则包含三个塑性参数，采用三次多项式基函数，定义为：$\boldsymbol{k} = \begin{bmatrix} 1 & x & y & z & xy & xz & yz & x^2 & y^2 & z^2 & x^2y & x^2z & xy^2 & y^2z & xz^2 & yz^2 & xyz & x^3 & y^3 & z^3 \end{bmatrix}^{\mathrm{T}}$，其中参数 x，y 和 z 分别代表塑性参数 σ_y，K 和 n。

将待求的未知回归系数矩阵定义为 $\boldsymbol{a}$，且矩阵 $\boldsymbol{a}$ 中的每一列定义为 $\boldsymbol{a}^i$。因此，式（4-16）中未知参数矩阵 $\boldsymbol{a}$ 的求解过程满足关系式 $\beta_i^j(\boldsymbol{c}_j^*) = \boldsymbol{k}^{\mathrm{T}}(\boldsymbol{c}_j^*) \cdot \boldsymbol{a}^i$。其中，$\beta_i^j$ 表示向量 $\boldsymbol{\beta}_i$ 中的第 j 个值，其对应于材料参数设计空间中第 j 个材料参数组合的回归系数。在这里，将多项式基矩阵定义为 $\boldsymbol{K}_b$，且矩阵 $\boldsymbol{K}_b$ 的每一行定义为 $\boldsymbol{k}_b^j$，且 $\boldsymbol{k}_b^j = \boldsymbol{k}^{\mathrm{T}}(\boldsymbol{c}_j^*)$。因此，未知参数矩阵的求解过程满足关系式 $\boldsymbol{\beta}_i = \boldsymbol{K}_b(\boldsymbol{c}^*) \cdot \boldsymbol{a}^i$。参数矩阵 $\boldsymbol{a}$ 中的每一列 $\boldsymbol{a}^i$ 可以通过如下关系式获得：

$$\boldsymbol{a}^i = (\boldsymbol{K}_b^{\mathrm{T}}\boldsymbol{K}_b)^{-1} - \boldsymbol{K}_b^{\mathrm{T}}\boldsymbol{\beta}_i \qquad (4-23)$$

下面将对式（4-16）及未知参数矩阵 $\boldsymbol{a}$ 计算结果通过数值实例进行验证，并采用式（4-24）中所定义 R^2 计算值来评估式（4-16）的有效性。

$$R^2 = 1 - \frac{\sum\limits_{i=1}^{n}(\boldsymbol{p}_i - \boldsymbol{p}_i^{\mathrm{predict}})^2}{\sum\limits_{i=1}^{n}(\boldsymbol{p}_i - \boldsymbol{p}_i^{\mathrm{ave}})^2} \qquad (4-24)$$

其中，p_i 表示源于有限元仿真的压痕加载 $P\text{-}h$ 曲线形状快照 $\boldsymbol{S}_i$ 中的每一个力值；p_i^{predict} 表示采用式（4-16）中参数化关系及关系式 $\boldsymbol{S}_i^{\mathrm{predict}} = \overline{\boldsymbol{S}} + \boldsymbol{U}\boldsymbol{\alpha}_i$ 预测所得压痕加载 $P\text{-}h$ 曲线形状快照 $\boldsymbol{S}_i^{\mathrm{predict}}$ 中的每一个值；p_i^{ave} 表示向量 $\boldsymbol{S}_i$ 中所有力值序列的平均量，定义为下式所示形式：

$$p_i^{\mathrm{ave}} = (1/n)\sum_{i=1}^{n} p_i \qquad (4-25)$$

R^2 的值用于评估向量 $\boldsymbol{S}_i$ 和 $\boldsymbol{S}_i^{\mathrm{predict}}$ 的相似程度。当 R^2 的值非常接近于 1 时，表示预测所得压痕加载 $P\text{-}h$ 曲线 $\boldsymbol{S}_i^{\mathrm{predict}}$ 和仿真量 $\boldsymbol{S}_i$ 非常接近。

图 4-6 所示为采用式（4-16）中参数化关系及关系式 $\boldsymbol{S}_i^{\mathrm{predict}} = \overline{\boldsymbol{S}} + \boldsymbol{U}\boldsymbol{\alpha}_i$ 预测所得压痕加载 $P\text{-}h$ 曲线形状快照与对应有限元仿真所得压痕 $P\text{-}h$ 曲线对比。在图 4-6 中，单独变化其中一个塑性参数而固定其余塑性参数，并将两种方式计算所得压痕 $P\text{-}h$ 曲线进行对比。可以看出，在所选取的参数范围内，无论对于 Hollomon 硬化法则还是 Ludwigson 硬化法则，预测所得压痕加载 $P\text{-}h$ 曲线形状快照均非常接近于有限元计算结果，且 R^2 的值非常接近于 1。在这里，仅展示了 Hollomon 硬化模型中固定 n 值、变化 σ_y 的结果，以及 Ludwigson 硬化模型中固定 n 值和 σ_y 值、变化 K

值的情形。其余参数变化情形中同样能够得到高准确性的预测比较结果,在这里不作展示。结果证实,式(4-16)中所建立的参数化关系是有效的。

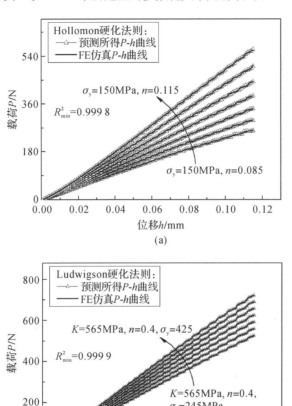

图 4-6　数值实例用于验证 α 与 c^* 之间参数化关系的有效性

　　截至此处,所在压痕加载 $P-h$ 曲线子空间中实现贝叶斯模型更新及材料塑性参数识别方式已经完整建立起来。现在分别用所建立的塑性参数识别方法,对 20MnB5 钢遵循 Hollomon 和 Ludwigson 硬化法则塑性参数进行识别研究。总的来讲,所建立参数识别方法需要按照如下几个步骤进行:①设计材料参数空间并进行有限元仿真,产生一系列压痕加载 $P-h$ 曲线形状快照。②进行正交分解,建立压痕加载 $P-h$ 曲线形状快照子空间,并进行子空间坐标与材料本构塑性参数之间的关联。③压痕加载 $P-h$ 曲线形状快照子空间坐标与材料本构塑性参数之间显式关系建立完成后,在式(4-22)中的似然函数模型评估可以快速实现,进而采用TMCMC算法直接进行材料塑性参数后验分布计算。一般而言,马尔科夫链蒙特卡罗算法中样本数量在$1\times10^4\sim1\times10^5$之间。在计算中,所选取的样本数量为$1\times10^4$。此外,对该样本数量对参数识别结果的影响作进一步的分析。

|4.3 参数识别结果及讨论|

4.3.1 基于贝叶斯推断及压痕实验识别所得材料的塑性参数

将所建立的参数识别数值方法运用于20MnB5钢塑性参数的识别。首先采用Hollomon硬化法则展开对20MnB5钢塑性参数识别问题的研究。图4-7所示为采用所建立参数识别方法获得塑性参数σ_y和n的马尔科夫链。从图4-7中可以看出,该马尔科夫链取得了较好的收敛性。相应的σ_y和n的后验边缘分布如图4-8所示。

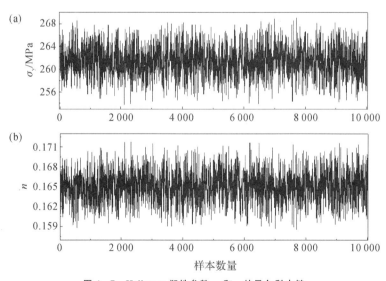

图4-7 Hollomon塑性参数σ_y和n的马尔科夫链

从图4-8中可以看出,所建立的参数识别方法能够给出反分析所得材料塑性参数的概率分布信息,即图 4-8 中的频率值。反分析所得的材料塑性参数边缘分布封闭在一个给定的区域内,并且在这个区域中,仅有一个尖端点具有高的频率值,这表明反分析所得的材料塑性参数是唯一的。将这个尖端点定义为最大后验估计(MAP 值)。对于 Hollomon 塑性模型而言,其反分析所得 σ_y 的 MAP 估计值为 261.3 MPa, n 的 MAP 估计值为 0.165。塑性参数 σ_y 和 n 的后验边缘分布可以通过正态分布进行很好的拟合,且拟合结果分别为 $\sigma_y \sim N(261.4, 2.2251)$ 以及 $n \sim N(0.165, 0.0020)$。正态分布的拟合结果再次表明反分析所得的 Hollomon 塑性参数收敛性非常好。其中,塑性参数分布拟合结果的标准差非常小, σ_y 的拟合标准差为 2.2251, n 的拟合标准差为 0.0020。塑性参数 σ_y 和 n 的正态分布期望分别为 261.4 MPa 和 0.165,且非常接近于其对应的 MAP 估计值,相对误差分别为 +0.04%(对于 σ_y)和 0%(对于 n)。

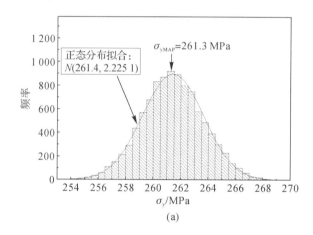

(a)

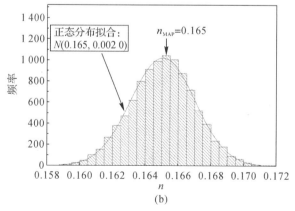

(b)

图 4-8 反推所得 Hollomon 塑性参数 σ_y 和 n 的后验边缘分布

(a) σ_y 的后验边缘分布;(b) n 的后验边缘分布

表 4-2 中所列为反分析所得 20MnB5 的 Hollomon 塑性参数与单轴拉伸所得塑性参数之间的对比。可以看出,反分析所得 Hollomon 塑性参数与单轴拉伸所得塑性参数吻合得非常好。其中,σ_y 的最大误差为 $+6.17\%$(平均值),n 的最大误差为 -5.71%(MAP 和平均值)。结果表明,所建立的参数识别方法能够非常有效地运用于识别 20MnB5 的 Hollomon 塑性参数。

表 4-2　反分析所得 Hollomon 塑性参数 σ_y 和 n 与相应单轴拉伸实验数据的对比

20MnB5 塑性参数		σ_y /MPa	n
单轴实验数据		246.2	0.175
压痕结果	MAP 估计值	261.3	0.165
	误差/(%)	+6.13	-5.71
	Mean 估计值	261.4	0.165
	误差/(%)	+6.17	-5.71

进一步,将所建立的参数识别方法用于反推 20MnB5 的 Ludwigson 塑性参数 σ_y,K 和 n。图 4-9 所示为 Ludwigson 塑性参数 σ_y,K 和 n 的迭代马尔科夫链。可以看出,马尔科夫链收敛较好。图 4-10 所示为相应的 Ludwigson 塑性参数的后验边缘分布结果。

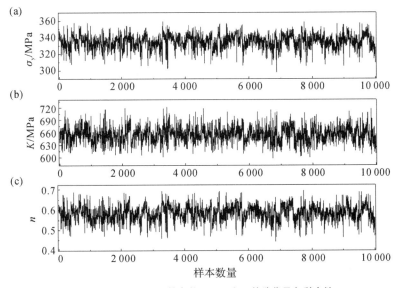

图 4-9　Lugwigson 塑性参数 σ_y,K 和 n 的迭代马尔科夫链

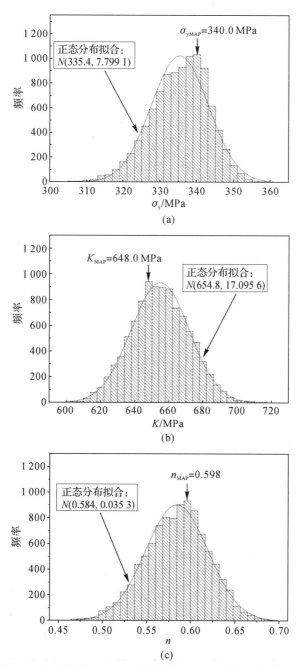

图 4-10 反推所得 Ludwigson 塑性参数 σ_y,K 和 n 的后验边缘分布
(a) σ_y 的后验边缘分布;(b) K 的后验边缘分布;(c) n 的后验边缘分布

从图 4 - 10 中可以看出,反推所得的 Ludwigson 塑性参数识别结果是唯一的。其塑性参数 σ_y, K 和 n 的 MAP 估计值分别为 340.0 MPa,648.0 MPa 和 0.598。同时,其塑性参数的后验边缘分布可以用正态分布得到很好的拟合,分别为 $\sigma_y \sim N(335.4, 7.799\,1)$,$K \sim N(654.8, 17.095\,6)$ 以及 $n \sim N(0.584, 0.035\,3)$。拟合所得结果的标准差非常小,而且塑性参数的 MAP 估计值和平均值非常接近。塑性参数 σ_y, K 和 n 的 MAP 值和平均值之间的误差分别为 -1.35%,$+1.05\%$ 以及 -2.34%。因此,采用所提出参数识别方法获得的 Ludwigson 塑性参数识别结果的收敛性同样非常好。

表 4 - 3 所列为反推所得 Ludwigson 塑性参数与单轴拉伸实验所得塑性参数之间的对比。可以看出,通过球形压痕实验及所建立的参数识别方法反推所得 Ludwigson 塑性参数和单轴拉伸实验数据吻合得非常好。其中,对于塑性参数 σ_y, K 和 n 的最大识别误差分别为 $+1.04\%$,-9.64% 和 $+7.94\%$。结果表明,在研究中所建立的数值分析方法是非常有效的。

表 4 - 3　反推所得 Ludwigson 塑性参数与单轴拉伸实验数据之间的对比

20MnB5 塑性参数		σ_y /MPa	K /MPa	n
单轴实验数据		336.5	717.1	0.554
压痕结果	MAP 估计值	340.0	648.0	0.598
	误差/(%)	$+1.04$	-9.64	$+7.94$
	Mean 估计值	335.4	654.8	0.584
	误差/(%)	-0.33	-8.69	$+5.42$

值得注意的是,在研究中 TMCMC 算法中定义的样本数(M 值)为 1×10^4。在 TMCMC 算法中,所采用的样本数量对于反推所得的参数识别数值结果也许会存在一定的影响。为了进一步研究这个问题,在分析中将样本的数量从 1×10^3 逐渐变化到 1×10^5,所得到的反分析结果分别列举在表 4 - 4 和表 4 - 5 中。其中,表 4 - 4 中的结果对应于 Hollomon 硬化法则,表 4 - 5 中的结果对应于 Ludwigson 硬化法则。

从表 4 - 4 和表 4 - 5 可以看出,当在 TMCMC 算法中采用的样本数量在 $1 \times 10^3 \sim 1 \times 10^5$ 之间时,样本数量对于反推所得参数识别数值结果的影响非常有限。在实际应用所建立的贝叶斯模型更新参数识别方法的时候,选取较多的样本数量也许能够取得更为稳定的数值结果。然而,太大的样本数量将会增加总的计算代价。也就是说,在本研究中所选取的样本数量 1×10^4 是一个适中的量,同时研究取得了非常有效和稳定的反推数值结果。

图 4-11 所示为采用所建立贝叶斯模型更新参数识别方法反推所得 20MnB5 钢的应力-应变关系曲线与单轴拉伸实验曲线的对比。其中,来源于正态分布拟合的平均结果更具有统计学意义,在这里将其定义为有效参数识别结果,并将相应的应力-应变关系曲线与单轴拉伸实验曲线进行对比。从图 4-11 中可以看出,通过所建立参数识别方法反推所得的应力-应变关系曲线与单轴实验所得应力-应变关系曲线吻合得非常好,足以证明所建立的参数识别反分析方法是非常有效的。

表 4-4 TMCMC 算法中所采用样本数量对于反推所得
Hollomon 塑性参数的影响

样本数量	σ_y /MPa	σ_y 标准差/MPa	n	n 值标准差
1 000	261.48	2.125 9	0.165	0.001 9
2 000	261.62	2.208 0	0.165	0.002 0
5 000	261.19	2.171 6	0.165	0.001 9
10 000	261.40	2.225 1	0.165	0.002 0
30 000	261.43	2.279 9	0.165	0.002 0
50 000	261.36	2.264 9	0.165	0.002 0

表 4-5 TMCMC 算法中所采用样本数量对于反推所得
Ludwigson 塑性参数的影响

样本数量	σ_y / MPa	σ_y 值标准差 /MPa	K / MPa	K 值标准差 /MPa	n	n 值标准差
1 000	334.74	7.021 0	652.27	14.600 1	0.580	0.030 4
2 000	335.46	7.356 8	654.85	18.085 3	0.584	0.035 3
5 000	336.45	7.847 9	656.23	18.333 1	0.589	0.036 9
10 000	335.36	7.799 1	654.81	17.095 6	0.584	0.035 3
30 000	335.67	7.778 3	655.35	17.523 6	0.586	0.035 7
50 000	336.24	7.775 6	655.91	17.815 0	0.588	0.036 1

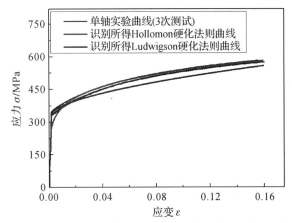

图 4 - 11　20MnB5 钢的单轴拉伸实验曲线和采用所建立参数识别
方法反推所得应力-应变关系曲线之间的对比

4.3.2　确定反分析所得塑性参数 95% 置信区间

在许多先前的压痕问题研究中,研究者们所建立的分析方法只能给出材料性能参数的单个估计点,而且对在压痕问题中潜在的模型和实验不确定性没有加以考虑。在这里,基于统计学分析框架,给出一个材料性能参数置信区间的定义。其目的在于提供材料性能参数解的区间的概率信息,如置信水平。这样能够在压痕问题的分析中考虑到由模型和实验的不确定性所导致参数识别所有的可能解。

在上面已经知道,反推所得的材料性能参数的后验边缘分布可以很好地采用正态分布来描述。这里,将采用这一分布特性来推导反分析所得材料性能参数的置信区间。对于服从任一正态分布的量 $\hat{c}$, $\hat{c} \sim N(c_{\text{Mean}}, c_{\text{Std. Dev.}}^2)$,可以将其转变为标准正态分布的形式,表示为 $(\hat{c} - c_{\text{Mean}}) / c_{\text{Std. Dev.}} \sim N(0, 1)$ 。其中, $\hat{c}$ 表示反推所得塑性参数的边缘分布, c_{Mean} 和 $c_{\text{Std. Dev.}}$ 分别表示相应的平均和方差值。 $N(0, 1)$ 表示均值为 0 和方差为 1 的标准正态分布。因此,反推所得的材料性能参数 95% 置信区间(Confidence Interval,CI)可以定义为如下形式:

$$P\{c_{\text{Mean}} - N_{\gamma/2} \cdot c_{\text{Std. Dev.}} < \hat{c} < c_{\text{Mean}} + N_{\gamma/2} \cdot c_{\text{Std. Dev.}}\} = 0.95 \quad (4 - 26)$$

其中, γ 是可供选择的因子,且 $0 < \gamma < 1$ 。相应的值 $1 - \gamma$ 为置信水平,表示反推所得材料塑性参数 $\hat{c}$ 位于区间 $(c_{\text{Mean}} - N_{\gamma/2} \cdot c_{\text{Std. Dev.}}, c_{\text{Mean}} + N_{\gamma/2} \cdot c_{\text{Std. Dev.}})$ 的概率为 $(1 - \gamma) \times 100\%$ 。在研究中,选取 95% 置信区间,且 γ 取值为 0.05。对于标准正态分布而言, $N_{\gamma/2}$ 是一个标准值,为 1.96。

在这里,采用式(4-26)来分别推导 Hollomon 和 Ludwigson 塑性参数的 95% 置信区间。对于 Hollomon 硬化法则而言,由反推结果可知其塑性参数边缘分布分别为 $\sigma_y \sim N(261.4, 2.225\ 1)$ 以及 $n \sim N(0.165, 0.002\ 0)$。通过式(4-26),经过计算可得 Hollomon 塑性参数 σ_y 和 n 的 95% 置信区间分别为 $\hat{\sigma}_y \in [257.04, 265.76]$ 以及 $n \in [0.161, 0.169]$。

图 4-12 所示为反推所得 Hollomon 硬化法则塑性参数的二维边缘核密度分布、95%CI 区域以及反推所得材料塑性参数 MAP 估计点和平均估计点。图 4-13 所示为 20MnB5 钢的单轴拉伸实验曲线、采用所建立数学分析方法反推所得应力-应变关系曲线,以及对应于后验二维核密度上 95%CI 区域四个边缘点上的应力-应变关系曲线之间的对比。

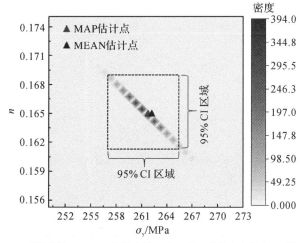

图 4-12 反推所得 Hollomon 塑性参数 σ_y 和 n 的二维核密度分布、95%CI 区域以及相应材料塑性参数 MAP 估计点和平均估计点

相似地,结合反推结果以及式(4-26),计算反推所得 20MnB5 钢的 Ludwigson 塑性参数 95% 置信区间,分别为 $\hat{\sigma}_y \in [320.11, 350.69]$,$\hat{K} \in [621.29, 688.31]$ 以及 $\hat{n} \in [0.515, 0.653]$。图 4-14 所示为反推所得 Mn20B5 钢的 Ludwigson 塑性参数二维核密度分布、相应塑性参数 MAP 和平均估计点,以及 95%CI 区域。图 4-15 所示为 20MnB5 钢的单轴拉伸实验曲线、通过所建立数学分析方法反推所得应力-应变关系曲线以及对应于二维核密度分布上 95%CI 区域八个边缘点上应力-应变关系曲线之间的对比。

从图 4-12~图 4-15 中可以看出,对于反推所得材料塑性性能参数的 95% 置信区间的定义非常有效,能够基于统计学分析给出反推所得材料性能参数识别区间。值得注意的是,对于压痕问题反推所得材料塑性参数 95% 置信区间的定义,在之前的一些学者的研究中也得到了报道。Moussa 等人定义了材料性能参数的置信区间,从而为反推所得材料性能参数提供一个解的区域。然而,他们对于反推所得材料性能参数解的区域的定义并不是基于统计学角度的考虑,而是对于实验误差的唯象分析,并且,他们也没有在分析中引入任何参数估计的概率信息。Fernandez-Zelaia 等人同样在其压痕研究中定义了 95% 置信区间。然而,他们主要将这种定义方式用于评估所建立的随机代理模型对于压痕应力点预测的准确性。

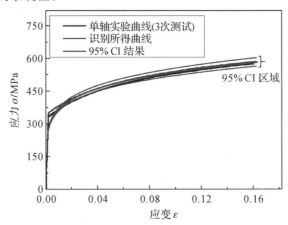

图 4 - 13 **20MnB5 的单轴拉伸实验曲线、通过所建立数学分析方法反推所得应力-应变关系曲线,以及二维核密度分布上 95%CI 区域边缘点上应力-应变关系曲线之间的对比**

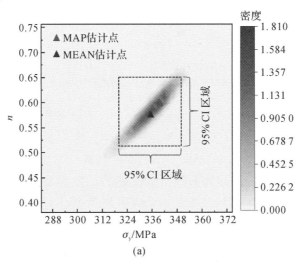

图 4 - 14 **反推所得 20MnB5 的 Ludwigson 塑性参数二维核密度分布、相应塑性参数的 MAP 和平均估计点,以及 95%CI 区域**

(a)σ_y;

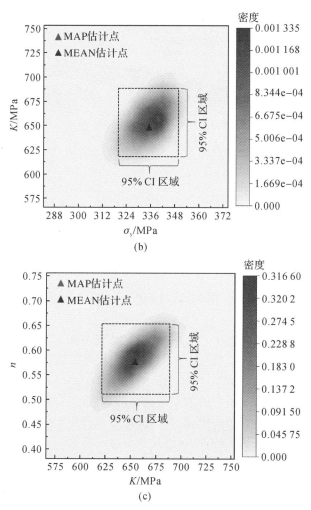

续图 4 – 14   反推所得 20MnB5 的 Ludwigson 塑性参数二维核密度分布、
相应塑性参数的 MAP 和平均估计点,以及 95%CI 区域
(b)K;(c)n

在研究中,所建立的材料性能参数的 95% 置信区间本质上是基于统计学分析的框架的,并且能够提供一个反推所得材料性能参数的边界。反推所得的材料性能参数以较高的概率落在这个边界以内。这些代表研究中所提出参数识别方法的创新之处。此外,反推所得的材料性能参数并不是单个估计点,而是一个区域包含由模型和实验不确定性导致的所有反推结果以及相应的概率信息,如频率分布和置信水平等。在材料设计和工程建模时,这种参数识别做法有非常大的帮助。

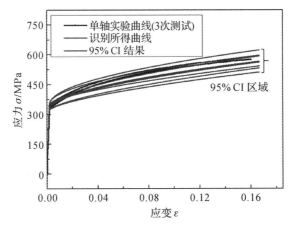

图 4 - 15 **20MnB5** 的单轴拉伸实验曲线、通过所建立数学分析方法反推所得应力应变关系曲线
以及对应于二维核密度分布上 **95%CI** 区域八个边缘点上应力应变关系曲线的对比

4.3.3　加载深度对反推所得数值结果的影响

在球形压痕问题的研究中,实验中所设定的最大压入深度对反推所得的材料性能参数会存在一定的影响。由许多文献、资料可以知道,当所选取的最大压入深度值非常小的时候(比如,当 h_{max}/R 的取值小于 0.1 时),反分析所得的材料塑性性能参数可能是不适定的。当所选取的最大压入深度足够大的时候,这个问题将会有效缓解。在研究中,选取的最大压入深度 h_{max}/R 为 0.23。这在压痕问题研究中是一个比较大的值,并且反分析结果是唯一的。

然而,在所建立数学分析方法的实际运用中,通常并不清楚所选的压入深度是否足够大,以及所选取的最大压入深度值是如何影响反分析数值结果的稳定性的。因此,在这里有必要进一步研究所选取的最大压入深度对所建立数学分析方法有效性和稳定性的影响。

为了揭示所选取的最大压入深度对反分析所得参数识别数值结果的影响,在数值计算中使预定义的 h_{max}/R 值逐渐变化,并对反分析所得参数识别数值结果进行比较和分析,结果如图 4 - 16 所示。由于最大压入深度 h_{max}/R 小于 0.1 时,反分析的结果可能是不适定的,在研究中对 h_{max}/R 小于 0.1 的情况不加以考虑。所选取的 h_{max}/R 值范围为 0.1~0.23,分别为 0.100,0.126,0.152,0.178,0.204 和 0.230。

从图 4 - 16 中可以看出,所选取压痕加载深度 h_{max}/R 对反推所得材料塑性参数的标准差影响是非常有限的。对于 Hollomon 硬化法则,采用反分析所得塑性参数 σ_y 和 n 的最大标准差分别为 2.540 0 和 0.002 0(均在对应 h_{max}/R 值为 0.100 处)。对于 Ludwigson 硬化法则,采用反分析所得塑性参数 σ_y,K 和 n 的标准差分别为 7.800 0(对应于 h_{max}/R 值为 0.230 处),21.076 0(对应于 h_{max}/R 取值为 0.100 处)以及 0.037 0(对应于 h_{max}/R 取值为 0.178 处)。可以看出,对于两种不同的硬化模型,所选取的压入深度对反分析所得材料塑性参数标准差影响非常小。这表明在所选取的压入深度范围(0.1 < h_{max}/R < 0.23),采用所建立的参数识别数值方法反推所得的材料参数识别结果是非常稳定的。

然而,从图 4-16 中可以看出,对于两种硬化模型,所选取的 h_{max}/R 值对于反推所得塑性参数的影响是非常明显的,尤其是对于图 4-16(a)(b)中的 σ_y 和 n 值而言更是如此。对于 Hollomon 硬化法则而言,反推所得 σ_y 值会随着所定义的 h_{max}/R 值的增加而单调增加,然而反推所得 n 值则表现出了相反的现象。对于 Ludwigson 硬化法则而言,反推所得 σ_y 和 n 值均会随着所定义的 h_{max}/R 值的增加而单调下降,而反推所得 K 值则表现出了相反的现象。

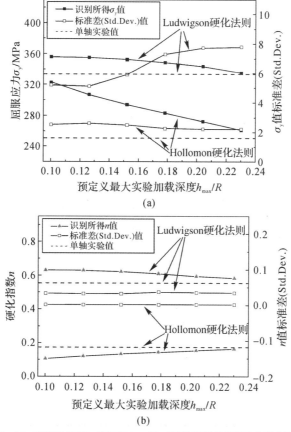

(a)

(b)

图 4-16 所选取压痕加载深度 h_{max}/R 对反推所得材料塑性参数的影响

(a)屈服应力为 σ_y;(b)硬化指数 n;

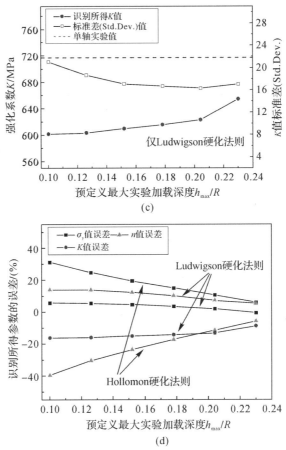

续图 4-16　所选取压痕加载深度 h_{max}/R 对反推所得材料塑性参数的影响

(c)强化系数 K;(d)识别所得参数的误差

值得注意的是,图 4-16 所示为在不同压痕实验深度 h_{max}/R 条件下所识别的 20MnB5 钢的 Hollomon 和 Ludwigson 塑性参数结果。分别将这两种硬化法则在对应六个不同压痕深度 h_{max}/R 值 0.100,0.126,0.152,0.178,0.204,0.230 条件下识别所得不同弹塑性参数组合看作六种不同且相互独立的材料,分别定义为 mat-1,mat-2,mat-3,mat-4,mat-5 以及 mat-6,即这六个定义的材料为在上述六种不同深度值下反分析所得的材料参数结果。可以看出,这六种不同材料的弹塑性参数差异明显。

为了研究造成这种现象的原因,进行如下工作。依据这六种材料的塑性参数进行压痕有限元仿真,并将其相应的有限元仿真加载 $P-h$ 曲线与实验 $P-h$ 曲线进行对比,结果如图 4-17 所示。定义如下的表达式来量化仿真曲线和实验曲线之间的差异：

$$\text{MSE}(h) = \left\| \boldsymbol{S}_i^{\text{sim}}(h) - \boldsymbol{S}^{\text{exp}}(h) \right\|^2, \quad i = 1, 2, 3, 4, 5, 6 \quad (4-27)$$

其中，$S_i^{\text{sim}}(h)$ 表示对应于材料 mat-i 在加载深度 h 下的有限元仿真加载 $P-h$ 曲线；符号 $\|\cdot\|$ 表示向量的 2 范数；S^{exp} 表示对应加载深度 h 下实验 $P-h$ 曲线形状快照；MSE 值表示实验曲线和仿真曲线之间的误差范数。

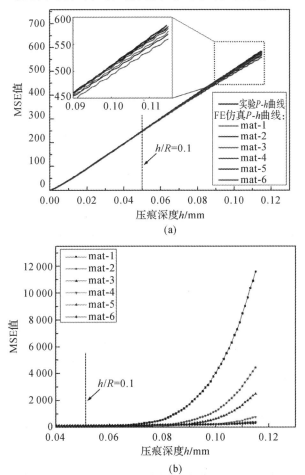

图 4-17　不同压痕深度条件下识别所得材料参数组合的仿真 $P-h$ 曲线与实验曲线比较

(a)加载 $P-h$ 曲线之间比较；(b)MSE 值随着压痕深度的变化

图 4-17(a)所示为这六种材料仿真 $P-h$ 曲线与实验曲线之间的直接比较结果。图 4-17(b)表示对应于上述六种材料的实验与仿真压痕加载 $P-h$ 曲线之间差异 MSE 值随着压痕深度增加的变化趋势。在这里，仅将 Hollomon 硬化法则下的结果进行展示，Ludwigson 硬化法则条件下的结果与之相似。从图 4-

17(a)中可以看出,当压痕深度 h_{max}/R 值小于 0.1 时,这六种识别所得材料有限元仿真加载 $P-h$ 曲线与实验曲线之间非常一致。结合图 4-16 和图 4-17(b) 可以看出,在进行材料塑性参数识别时,在较大压痕实验深度 h_{max}/R 值(如 $h_{max}/R=0.230$ 时)下识别所得材料(如 mat-6)的对应压痕仿真 $P-h$ 曲线与实验 $P-h$ 曲线之间误差最小。这种现象在图 4-17(b)中表现得更为明显。这种现象可以解释为什么图 4-16 中在较大压痕深度条件下识别得到的材料参数与单轴塑性参数更接近。Moussa 等人也观察到了同样的现象,即球形压痕的加载深度会对反推所得材料塑性参数存在影响。他们指出,这是由于所选取的硬化模型并不能很好地描述被测试材料的应力-应变行为。如果所采用的硬化模型能够非常准确地描述被测试材料的应力-应变行为,那么所选定的 h_{max}/R 值对反推所得材料塑性参数的影响也许会消失。

图 4-18 所示为 20MnB5 钢的单轴拉伸实验曲线与在不同最大压入深度下采用所建立的参数识别数值方法反推得到的应力-应变关系曲线之间的对比。结合图 4-16 和图 4-18 可以发现,用 Ludwigson 模型来描述材料塑性应力-应变行为时,所选定的 h_{max}/R 值对于反推所得材料塑性参数的影响小于采用 Hollomon 硬化法则来描述材料应力-应变行为时获得的反推数值结果。这正是因为 Ludwigson 比 Hollomon 硬化法则能够更准确地描述 20MnB5 材料的应力应变行为。也就是说,在压痕问题研究中,选取合适且准确的硬化模型能够有效提高反分析所得材料塑性力学性能参数的稳定性。此外,在研究中,采用 Ludwigson 硬化法则能够反分析得到 20MnB5 钢更为准确的参数识别结果。

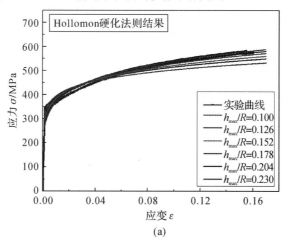

图 4-18 20MnB5 的单轴拉伸实验曲线与在不同最大压入深度下采用所建立数学分析方法反推得到的应力-应变关系曲线之间的对比

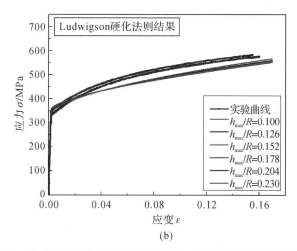

(b)

续图 4 – 18   20MnB5 的单轴拉伸实验曲线与在不同最大压入深度下采用所
建立数学分析方法反推得到的应力–应变关系曲线之间的对比

第 5 章

基于压痕响应的材料硬化指数识别

经典的孔洞模型已经广泛地用来描述各向同性材料压痕底部应力-应变场分布规律及解释材料压痕响应。本章结合面内塑性各向异性材料的特点,对经典的扩展孔洞模型进行修正,使经典的孔洞模型能够用于各向异性材料的压痕响应表征。同时,本章将探索基于孔洞模型理论的各向异性材料等效应变硬化指数的计算。

在基于有限元仿真压痕测试研究中,发现应变硬化指数与各向异性材料的凸起和凹陷等现象十分相关。在实际工程实验中很难去计算出压痕实验的残余压痕形貌,而计算机技术和有限元的发展,提供了一种有效的探究压痕形貌与材料力学参数关系的方法。本章将研究各向异性材料等效应变硬化指数的表示方法,基于压痕形貌建立量纲函数来探究材料等效应变硬化指数与压痕形貌参数之间的关系。

|5.1　基于孔洞模型理论的硬化指数识别|

5.1.1　孔洞模型理论推导

　　采用理论解析方法研究压痕底部材料的应力-应变场源于 Hill 于 1950 年用理论解析方法推导理想弹塑性的静力胀形公式,Marsh 等人于 1964 年的研究使其发展成为一种经典的孔洞模型。1970 年,Johnson 提出了一种经典的扩展孔洞模型(ECM),推导出压痕底部应力-应变分布变形规律,将压痕底部材料在压头加载过程的变形行为分为全弹性、弹塑性过渡以及全塑性变形三个典型的过程,并将压痕底部变形区分为三个部分:①接触半径为 a 的半圆形区域为静水核的压力作用区域;②从接触半径 a 到半径为 c 的弧形带区域为塑性区域;③接触半径大于 c 的区域为弹性区域。图 5-1 中,压头与试件接触表面的平均压力为 P_{m},r 为到压痕中心的距离,$r=a$ 时所在的圆弧为静水压力区与塑性区的边界,$r=c$ 时所在的圆弧为塑性区与弹性区的边界。

　　图 5-1 为基于扩展孔洞模型的应力区域分布图,其中 x 与 y 表示材料平面方向,z 为加载载荷方向。

　　在图 5-1 中,孔洞模型中弹性区域应力可表示为

$$\sigma_{rr} = -P_i \left(\frac{a}{r}\right)^3, \quad \sigma_{\theta\theta} = \sigma_{\varphi\varphi} = -\frac{P_i}{2}\left(\frac{a}{r}\right)^3 \tag{5-1}$$

式中：σ_{rr} 为径向应力；$\sigma_{\theta\theta}$ 为角应力；$\sigma_{\varphi\varphi}$ 为轴向应力；P_i 为静水核区域中的压力；a 为接触半径；r 为到压痕中心的距离。

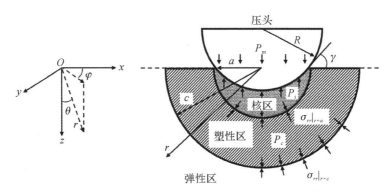

图 5-1 扩展孔洞模型示意图

在弹塑性区域的边缘 $r = c$,式(5-1)可写为

$$\sigma_{rr} = -P_c\left(\frac{c}{r}\right)^3, \quad \sigma_{\theta\theta} = \sigma_{\varphi\varphi} = -\frac{P_c}{2}\left(\frac{c}{r}\right)^3 \tag{5-2}$$

式中，P_c 为塑性变形区域边缘的压力。

应力应该满足屈服条件,应力状态可分为静水压力和应力偏张量,屈服条件表示如下：

$$\begin{bmatrix} \sigma_{rr} & 0 & 0 \\ 0 & \sigma_{\theta\theta} & 0 \\ 0 & 0 & \sigma_{\varphi\varphi} \end{bmatrix} = \begin{bmatrix} \sigma_{\theta\theta} & 0 & 0 \\ 0 & \sigma_{\theta\theta} & 0 \\ 0 & 0 & \sigma_{\theta\theta} \end{bmatrix} + \begin{bmatrix} \sigma_{rr} - \sigma_{\theta\theta} & 0 & 0 \\ 0 & 0 & 0 \\ 0 & 0 & 0 \end{bmatrix} \tag{5-3}$$

应力偏张量是引起材料塑性变形的主要因素,材料进入屈服、发生塑性变形的条件是 $\sigma_{\theta\theta} - \sigma_{rr} = \sigma_y$, $P_c = 2/3\sigma_y$,将屈服条件代入式(5-2),则式(5-2)可表示为

$$\sigma_{rr} = -\frac{2\sigma_y}{3}\left(\frac{c}{r}\right)^3, \quad \sigma_{\theta\theta} = \sigma_{\varphi\varphi} = -\frac{\sigma_y}{3}\left(\frac{c}{r}\right)^3 \ (c < r) \tag{5-4}$$

然而,这种经典的孔洞模型虽然简单,但未考虑到材料的硬化效应,仅适用于分析理想塑性材料,并不适用于具有明显应变硬化的材料。2006 年 Gao 提出了服从 Hollomon 硬化法则材料的扩展孔洞模型表达形式,给定压头几何形状条件下,压痕测试的硬度与材料的弹性模量、屈服应力和应变硬化指数相关。当不考虑材料的硬化行为时,Gao 所提出的孔洞模型退化为 Johnson 所提出的模型。Gao 等人对传统扩展孔洞对服从 Hollomon 硬化的材料进行研究,推导出

孔洞模型中轴向应力、角应力和径向应力。

在 Gao 的研究中,根据广义胡克定律中的协调方程,有

$$\frac{\partial \sigma_{rr}}{\partial r} + \frac{1}{r}(2\sigma_{rr} - \sigma_{\theta\theta} - \sigma_{\varphi\varphi}) = \frac{\partial \sigma_{rr}}{\partial r} + \frac{2}{r}(\sigma_{rr} - \sigma_{\theta\theta}) = 0 \quad\quad (5-5)$$

$$\frac{\partial \varepsilon_{\theta\theta}}{\partial r} = \frac{\varepsilon_{rr} - \varepsilon_{\theta\theta}}{r} \quad\quad (5-6)$$

式中,ε_{rr},$\varepsilon_{\theta\theta}$,$\varepsilon_{\varphi\varphi}$ 为为径向应变、角应变和轴向应变。

$$\varepsilon_{rr} = -\frac{\varepsilon_t}{\sigma_t}(\sigma_{\theta\theta} - \sigma_{rr}) \quad\quad (5-7)$$

$$\varepsilon_{\theta\theta} = \varepsilon_{\varphi\varphi} = \frac{1}{2}\frac{\varepsilon_t}{\sigma_t}(\sigma_{\theta\theta} - \sigma_{rr}) \quad\quad (5-8)$$

在描述孔洞模型时,规定其边界条件为

$$\sigma_{rr}\big|_{r=a} = -P_i \quad\quad (5-9\text{a})$$

$$\sigma_{rr}\big|_{r=c} = -P_c \qu\quad (5-9\text{b})$$

$$\varepsilon_{rr}\big|_{r=c} = \varepsilon_y = \sigma_y/E \quad\quad (5-9\text{c})$$

对于服从 Hollomon 硬化材料的描述,材料的流动应力表示如下:

$$\sigma_{\theta\theta} - \sigma_{rr} = \sigma_t = K\varepsilon_t^n \qu\quad (5-10)$$

将式(5-10)代入式(5-7)和式(5-8),有

$$\varepsilon_{rr} = -\varepsilon_t, \quad \varepsilon_{\theta\theta} = \frac{1}{2}\varepsilon_t \qu\quad (5-11)$$

由式(5-6)可得

$$\frac{\partial \varepsilon_{\theta\theta}}{\varepsilon_{rr}} = -3\frac{\mathrm{d}r}{r} \qu\quad (5-12)$$

对式(5-12)两边进行积分,有

$$\varepsilon_{rr} = C\frac{a^3}{r^3} \qu\quad (5-13)$$

式中,C 为积分常数。

将式(5-9c)和式(5-11)代入式(5-13),得出积分常数的表达式如下:

$$C = \frac{\sigma_y}{E}\frac{c^3}{a^3} \qu\quad (5-14)$$

将式(5-14)代入式(5-13),并使用式(5-11),可以得到孔洞模型中的应变场如下:

$$\varepsilon_{rr} = -\frac{\sigma_y}{E}\frac{c^3}{r^3} \qu\quad (5-15\text{a})$$

$$\varepsilon_{\theta\theta} = \varepsilon_{\varphi\varphi} = \frac{1}{2}\frac{\sigma_y}{E}\frac{c^3}{r^3} \qu\quad (5-15\text{b})$$

径向位移 u_{rr} 为应变的增量,所以对应变进行积分,得到的径向位移为

$$u_{rr} = \int \varepsilon_{rr} \mathrm{d}r = \frac{1}{2} \frac{\sigma_y}{E} \frac{c^3}{r^3} \qquad (5-16)$$

应力场的计算如下:

$$\frac{\mathrm{d}\sigma_{rr}}{\mathrm{d}r} = \frac{2\sigma_t}{r} \qquad (5-17)$$

将式(5-15)代入式(5-17),并结合 Hollomon 硬化法则,式(5-17)可以表示为

$$\frac{\mathrm{d}\sigma_{rr}}{\mathrm{d}r} = \frac{2K}{r} \left(\frac{\sigma_y}{E} \frac{c^3}{r^3} \right)^n = 2K \left(\frac{\sigma_y}{E} c^3 \right)^n \frac{1}{r^{3n+1}} \qquad (5-18)$$

对式(5-18)进行积分,积分边界从 $a \sim c$,有

$$\sigma_{rr} = 2K \left(\frac{\sigma_y}{E} c^3 \right)^n \left(\frac{1}{-3n} \right) \frac{1}{r^{3n}} + B \qquad (5-19)$$

式中,B 为积分常数。

将边界条件式(5-9)代入式(5-19),有

$$B = -P_c + \frac{2K}{3n} \left(\frac{\sigma_y}{E} \right)^n \qquad (5-20)$$

根据式(5-4),以及边界上的压力 $P_c = 2/3\sigma_y$,式(5-19)可表示为

$$\sigma_{rr} = -\frac{2}{3}\sigma_y + \frac{2K}{3n} \left(\frac{\sigma_y}{E} \right)^n \left(1 - \frac{c^{3n}}{r^{3n}} \right) \qquad (5-21)$$

将前面所讲的 Hollomon 中的强度系数 $K = E^n \sigma_y^{1-n}$ 代入式(5-21),有

$$\sigma_{rr} = -2 \frac{\sigma_y}{3} \left[1 + \frac{1}{n} \left(\frac{c^{3n}}{r^{3n}} - 1 \right) \right] \qquad (5-22)$$

$$\sigma_{\theta\theta} = \sigma_{\varphi\varphi} = -\frac{2\sigma_y}{3} \left[1 - \frac{1}{n} + \frac{1}{n} \left(1 - \frac{3n}{2} \right) \frac{c^{3n}}{r^{3n}} \right] \qquad (5-23)$$

在压入过程中,球形压头占据的体积等于受压材料损失的体积,基于体积相等原理,有

$$\pi a^2 \mathrm{d}h = 2\pi a^2 \mathrm{d}u |_{r=a} \qquad (5-24)$$

因为在几何关系中有 $h = R - \sqrt{R^2 - a^2}$,所以

$$\mathrm{d}h = \frac{a\mathrm{d}a}{\sqrt{R^2 - a^2}} = \frac{a}{R} \mathrm{d}a \left(1 + \frac{1}{2} \frac{a^2}{R^2} + \cdots \right) \qquad (5-25)$$

从而式(5-16)径向位移可被表示为

$$\frac{\mathrm{d}u |_{r=a}}{\mathrm{d}c} = \frac{3}{2} \frac{\sigma_y}{E} \frac{c^2}{r^2} \qquad (5-26)$$

即

$$\mathrm{d}u \mid_{r=a} = \frac{3}{2} \frac{\sigma_y}{E} \frac{c^2}{a^2} \mathrm{d}c \qquad (5-27)$$

将式(5-25)和式(5-27)代入式(5-24),积分得

$$c = \sqrt[3]{\frac{1}{4} \frac{E}{\sigma_y} \frac{a}{R}} a \qquad (5-28)$$

所以径向应力和径向应变[式(5-15)和式(5-22)]可表示为:

$$\varepsilon_{rr} = -\frac{1}{4} \frac{a}{R} \frac{a^3}{r^3} \qquad (5-29)$$

$$\sigma_{rr} = 2 \frac{\sigma_y}{3} \left[1 - \frac{1}{n} + \frac{1}{n} \left(\frac{1}{4} \frac{E}{\sigma_y} \frac{a}{R} \right)^n \right] \qquad (5-30)$$

在考虑屈服应力 σ_y 对静水压力 P_i 的影响, $r=a$ 时的静水压力区边界压力以及其应变的表示为

$$P_i = -\sigma_{rr} \mid_{r=a} = 2 \frac{\sigma_y}{3} \left[1 - \frac{1}{n} + \frac{1}{n} \left(\frac{1}{4} \frac{E}{\sigma_y} \frac{a}{R} \right)^n \right] \qquad (5-31)$$

$$\varepsilon_{rr} \mid_{r=a} = -\frac{\sigma_y}{E} \frac{c^3}{a^3} = -\frac{1}{4} \frac{a}{R} \qquad (5-32)$$

式(5-31)表示静水压力与材料属性中屈服应力 σ_y、材料的应变硬化指数 n 有关。为了分析面内塑性各向异性材料中不同方向上的屈服应力及应变硬化指数对压头与试件接触面上的静水压力 P_i 的影响,作如下的分析:分开考虑面内不同方向上的屈服应力和应变硬化指数差异对静水压力的影响。在此将面内每个方向的性能单独考虑,将不同屈服应力和应变硬化指数对静水压力 $P_i - a/R$ 关系曲线的影响进行了比较,结果如图5-2和图5-3所示。

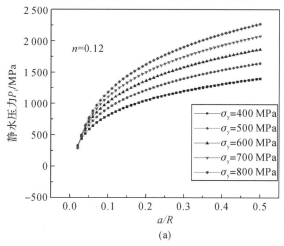

(a)

图 5-2 屈服应力变化对静水压力的影响

(a)应变硬化指数为 0.12;

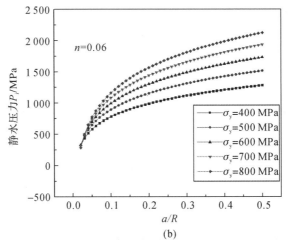

续图 5-2　屈服应力变化对静水压力的影响

(b)应变硬化指数为 0.06

对式(5-31)进行探究,图 5-2 所示为在弹性模量 $E=100$ GPa 下,应变硬化指数 n 分别为 0.12 和 0.06 时,屈服应力在 $100\sim800$ MPa 范围内变化对静水压力曲线的影响。从图中可以看出,静水压力 P_i 随着屈服应力的增大而增大,且屈服应力对静水压力的影响非常显著。

图 5-3 所示为在弹性模量 $E=100$ GPa,屈服应力为 400 MPa 和 600 MPa 条件下,应变硬化指数范围为 $0.6\sim0.12$ 时,应变硬化指数对静水压力的影响。从图中可以看出,静水压力随着应变硬化指数的增大而增大,而且应变硬化指数对静水压力也有比较明显的影响。

因此,在对面内异性材料的分析中,不仅应考虑屈服应力 σ_y 对静水压力 P_i 的影响,还应考虑应变硬化指数 n 的影响,不能将应变硬化指数对静水压力的影响忽略,或者简单地按照某一方向上的应变硬化指数值计算。

应该注意到,压痕表面接触平均压力 P_m 不等于静水压力核压力 P_i。研究表明,静水压力核区域中的应力高于边界处的应力,接触平均压力 P_m 与静水压力核边界压力 P_m 之间存在差异。1985 年,Johnson 将压头与试件接触表面的平均压力 P_m 与静水压力 P_i 之间的关系表示为

$$P_m = P_i + \frac{2}{3}\sigma_y \qquad (5-33)$$

2013 年,Kang 等人认为 Johnson 所提出的孔洞模型只针对理想塑性材料且没有考虑强化效应,Kang 在 Johnson 研究基础上,考虑静水区在压痕加载过程中的强化效应,引入了比例因子 k,从而提出了一种能够描述应变硬化的扩展

孔洞模型。将服从硬化准则的材料的静水压力 P_i 与平均接触应力 P_m 关系表示为

$$P_m = P_i + k\sigma_t \tag{5-34}$$

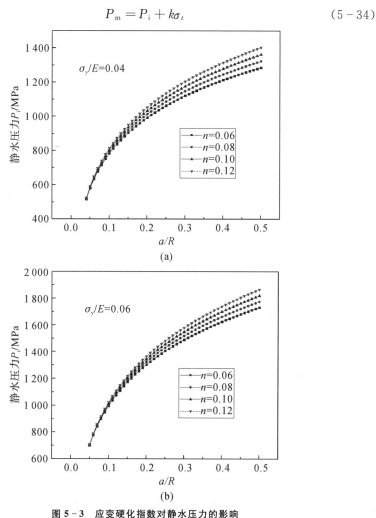

图 5 - 3　应变硬化指数对静水压力的影响

(a)屈服应力为 400MPa;(b)屈服应力为 600MPa

对于比例因子 k 的计算,Kang 等人对 13 种材料(Al6061,Al7075,S45C,SK4,SKS3,SUJ2,API X100,STS303F,STS316L,STS403,STS420J2,Ti - 6Al - 4V,Ti - 7Al - 4Mo)进行压痕实验得到 P_m 和 P_i 的关系;σ_t 为材料单向拉伸时所对应的流动应力值。利用上述数据,通过式(5-34)即可得到比例因子 k,进而通过曲线拟合得出比例因子 k 与应变硬化指数 n 的关系为

$$k = 0.509\ 8 + 0.004\ 8\exp\left(\frac{n}{0.059\ 8}\right) \qquad (5-35)$$

由平均接触应力的定义可得到

$$L = P_m \cdot A \qquad (5-36)$$

其中，L 为压痕实验时施加在刚性压头上的载荷；A 为压痕实验时压头与试件的接触面积，用接触半径 a 表示为

$$A = \pi a^2 = \pi(2Rh - h^2) \qquad (5-37)$$

通过以上分析，可建立材料应变硬化指数与载荷-位移曲线之间的关系。

5.1.2 基于孔洞模型的各向异性材料塑性参数表征方法

式(5-31)和式(5-36)都是针对各向同性材料建立起的函数关系式，它们并不适用于各向异性材料。对于面内塑性各向异性材料，不同方向上的屈服应力和应变硬化指数并不相同，但在有限元软件中常将应变硬化指数做单一值处理。在对各向异性材料仿真分析中，可采用等效应变硬化指数。因此，对于各向异性材料在此假设：材料在各个方向上的弹性模量相同，屈服应力不同，应变硬化指数采用等效应变硬化指数 $\bar{n}$。

此处为了简化压头底部复杂的应力场模型，压痕底部的应力-应变场也被近似地分为三个相等的部分，对三个部分独立地用轧制方向、对角方向以及横纹方向的材料参数表示其特征，如图 5-4 所示。

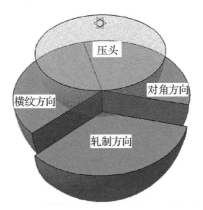

图 5-4 压痕底部各向异性材料简化模型示意图

在各向异性的压痕试验中假定压痕接触半径 $h = R - \sqrt{R^2 - a^2}$ 在各个方向上都是相等的，且由关系式 $h = R - \sqrt{R^2 - a^2}$ 算出。那么对于各向异性材料，式(5-31)可以扩展表示为

$$P_1^j = -\sigma_{rr}\mid_{r=a} = 2\frac{\sigma_y^j}{3}\left[1 - \frac{1}{\bar{n}} + \frac{1}{\bar{n}}\left(\frac{1}{4}\frac{E}{\sigma_y^j}\frac{a}{R}\right)^n\right] \qquad (5-38)$$

式中，$j=1,2,3$，分别表示材料 $0°$ 方向，$45°$ 方向以及 $90°$ 方向上的材料参数。有

$$A^j = 1/3\pi a^2 \qquad (5-39)$$

$$L = \sum_{j=1}^{3} P_m^j \cdot A^j \qquad (5-40)$$

则

$$\frac{\mathrm{d}L}{\mathrm{d}a} = 2\Pi_1 a + (2+\bar{n})\Pi_2\Pi_3 a^{n+1} \qquad (5-41)$$

其中

$$\Pi_1 = \frac{2}{3}\overline{\sigma_y}\pi\left(1 - \frac{1}{\bar{n}}\right) \qquad (5-42\mathrm{a})$$

$$\Pi_2 = \pi\left(\frac{1}{4R}\frac{E}{\sigma_y}\right)^n \overline{\sigma_y} \qquad (5-42\mathrm{b})$$

$$\Pi_3 = \frac{2}{3\bar{n}} + k \qquad (5-42\mathrm{c})$$

等效的屈服应力由 Hill48 的等效屈服应力计算得出，即

$$\overline{\sigma_y} = \sqrt{\frac{3(1+r)}{2(2+r)}}\left(\overline{\sigma_x^2} - \frac{2r}{1+r}\sigma_x\sigma_y + \sigma_y^2\right)^{1/2} \qquad (5-43)$$

由于应变硬化指数的本质是拉伸曲线硬化斜率的增量，因此它与压痕载荷曲线的斜率变化密切相关。选取载荷曲线上等比例的两个接触半径 a_1 和 a_2，将两个接触半径所对应的载荷-接触半径曲线的斜率之比 p 表示为

$$p = \left(\frac{\mathrm{d}L}{\mathrm{d}a}\mid a_2\right)\Big/\left(\frac{\mathrm{d}L}{\mathrm{d}a}\mid a_1\right) = \frac{2 + \dfrac{\Pi_3}{\Pi_2}(\bar{n}+2)a_2^n}{2 + \dfrac{\Pi_3}{\Pi_2}(\bar{n}+2)a_1^n}\frac{a_2}{a_1} \qquad (5-44)$$

式(5-44)使用理论解析的方式建立了等效应变硬化指数与载荷-接触半径曲线的函数关系，给出了两个接触半径的斜率之比 p 和等效应变硬化指数 $\bar{n}$ 的关系式。

为了更简单、更直白地探究等效应变硬化指数与载荷-接触半径曲线的关系，借助有限元仿真实验，探究不同屈服应变材料的压痕响应。屈服应变范围为 $0.001\sim0.010$，应变硬化指数为 $0\sim0.5$，这两个范围包含了大部分材料的屈服应变和应变硬化指数。在压痕测试中固定两个接触半径值，取两个接触半径为 $a_1 = 500\mu\mathrm{m}$，$a_2 = 350\mu\mathrm{m}$。在式(5-31)中，当弹性模量 E 和压头半径 R 一定时，选取固定的接触半径 a_1 和 a_2，则斜率比 p 与应变和应变硬化指数 $\bar{n}$ 关系如

图 5 - 5 所示。

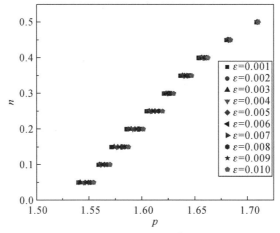

图 5 - 5 应变硬化指数与加载斜率关系图

从图 5 - 5 中可以看出,等效应变硬化指数 $\bar{n}$ 随着斜率比 p 的增大而增大,而不同屈服应变对斜率比 p 的影响几乎可以忽略,在此处不考虑不同屈服应变对等效应变硬化指数 $\bar{n}$ 的影响。应变硬化指数之所以与载荷斜率比成函数关系,是由于在拉伸实验中,应变硬化指数可以视作应变的增量。同理,在压痕测试实验中,应变硬化指数亦可以视作压痕载荷-位移曲线的斜率之比。从图 5 - 5 中可以看出,该斜率比主要与材料的硬化特性相关,对图中数据曲线用一元三次多项式进行拟合,得到

$$\bar{n} = 173.603 - 334.032p + 212.338p^2 - 44.559p^3 \qquad (5-45)$$

由于大多数弹塑性金属材料的应变硬化指数取值范围在 $(0,0.5)$ 区间内,所以对于式(5 - 45),仅考虑斜率比 p 取值范围为 $(1.50,1.75)$。

对于各向异性材料来说,各个方向上的力学参数各不相同,导致不同方向上的压痕响应也不尽相同,但是对于载荷-位移曲线来说,各向异性材料的载荷-位移曲线同各向同性材料一样也是唯一的,所以经过载荷-位移曲线的计算所得的应变硬化指数可以视为等效的应变硬化指数。

5.1.3　TC1M 板料等效应变硬化指数的计算方法

此处以 TC1M 板料为例验证解析法的有效性。取压头半径 $R = 1\ 250\ \mu m$,得到载荷-接触半径曲线图,这里通过对 TC1M 板料进行压痕测试实验获得压头载荷和接触半径关系图,如图 5 - 6 所示。

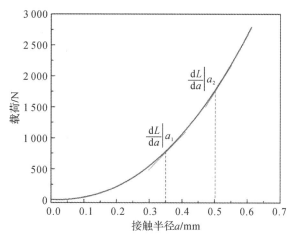

图 5 - 6　TC1M 压头载荷与接触半径关系图

根据图 5 - 6 获取接触半径 $a_2 = 500\ \mu m$ 和 $a_1 = 350\ \mu m$ 时曲线的斜率，根据式 (5 - 44) 计算斜率比 p，进而由式 (5 - 45) 计算得到等效应变硬化指数 $\bar{n} = 0.087\ 7$。

在研究中等效应变硬化指数是各向异性材料的综合参数，因此对比了 TC1M 板料在不同方向上的应力-应变曲线。钛合金板料具有较强的面内塑性各向异性性能，采取 1.0 mm 厚度的 TC1M 钛合金板料作为研究对象，其化学成分见表 5 - 1。

表 5 - 1　1.0mm 厚度 TC1M 钛合金的化学成分

成　分	C	Mn	Si	Ni	Fe	Al	H	O	Ti
含量/(%)	<0.08	1.4	0.02	0.03	0.08	1.6	0.005 9	0.12	其余

根据国家标准《金属材料拉伸试验第 1 部分：室温试验方法》(GB/T 228.1—2010)，对钛合金板料采用单向拉伸试验来确定材料的性能参数，本次拉伸试验在 CSS - 44100 电子万能试验机(见图 5 - 7)上进行。该电子万能试验机的主要技术指标见表 5 - 2。

图 5 - 7　CSS - 44100 电子万能试验机

表 5 - 2   CSS - 44100 电子万能试验机技术指标参数

型号	CSS - 44100
最大试验力	100 kN
试验空间宽度	540mm
力测量精度	示值的 0.5%
位移分辨率	>0.001 mm
横梁速度范围	0.005～500 mm/min
横梁行程	1 200 mm

为了测量钛合金板料的各向异性方向的性能参数,试验中通过对 TC1M 板料沿着与轧制方向成夹角 $0°,22.5°,45°,67.5°$ 和 $90°$ 的五个方向分别切取试件,试件的尺寸如图 5 - 8 所示,其标距为 75mm。然后通过单向拉伸试验分别测试 TC1M 板料五个方向的机械性能参数,通过电子万能试验机进行单向拉伸实验,测量 TC1M 材料五个方向上的屈服应力 σ_y、厚向异性指数 r、应变硬化指数 n 以及强度系数 K。

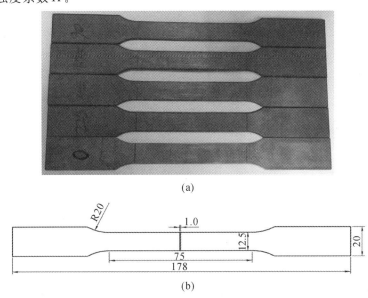

(a)

(b)

图 5 - 8   单向拉伸实验试件的轮廓图（单位：mm）

(a)TCLM 拉伸试件；(b)拉伸试件尺寸

经过单向拉伸试验之后得到了有效的数据,获得 TC1M 板料 5 个方向上的力学参数,见表 3 - 3。

表 5 - 3 　 TC1M 板料的单向拉伸性能(1.0 mm)

方向	σ_y /MPa	r	n	K/MPa
0°	605	1.22	0.118	1123
22.5°	577	1.66	0.103	986
45°	583	2.20	0.078	854
67.5°	658	2.20	0.062	864
90°	740	1.78	0.060	965

　　等效应变硬化指数是各向异性材料的综合参数。此外对比了 TC1M 板料在不同方向上的应力-应变曲线,结果如图 5 - 9 所示。

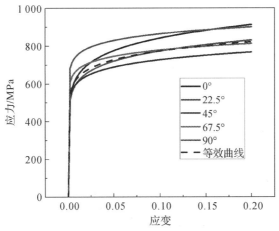

图 5 - 9 　 TC1M 板料不同方向应力-应变曲线

　　对比表 5 - 3 中 TC1M 各个方向的材料属性,发现等效应变硬化指数的数值位于 TC1M 板料各个方向的极值中间,这也符合等效应变硬化指数的定义,即以一个等效的应变硬化指数代替各向异性材料的各个方向的应变硬化指数,达到等效替换的作用。虽然等效的应力-应变曲线并不能和任意方向上的应力-应变曲线吻合,但单用等效应力-应变曲线表征各向异性材料的应变硬化属性比单个方向上的应力-应变曲线更为适合。

|5.2 基于压痕形貌的等效应变硬化指数计算|

5.2.1 压痕形貌

在压痕测试中,刚性压头以一定深度压入被测试件时,会使材料产生塑性变形。在压头卸载后,材料的表面会出现残余压痕。各向异性材料各个方向的残余压痕也不相同,这可以视为,各向异性材料各个方向的力学参数不同,对相同载荷的力学响应也不相同(见图 5-10)。一般来讲,屈服应力较小的方向的凸起现象更明显。

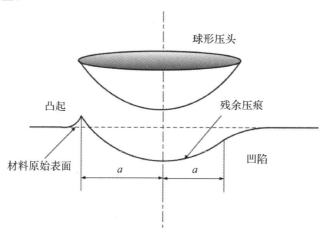

图 5-10 各向异性材料球形压痕示意图

为了探究应变硬化指数对压痕测试中凸起、凹陷值的影响,作如下分析:固定 $\sigma_y/E = 0.006$,压痕深度与压头半径之比为 $h_{max}/R = 0.1$,仅改变应变硬化指数的大小,观察材料的凸起、凹陷情况。应变硬化指数 $n = 0.1, 0.2, 0.3, 0.4$ 时,对应的四组仿真结果如图 5-11 所示。

图 5-11 所示是在不同应变硬化指数下的有限元计算结果,图中以位移量为参考指标。从图中可以看出:当 $n = 0.1$ 时,压头与材料边缘处的变形量最大,当 $n = 0.4$ 时,压头与材料边缘的变形量最小;随着应变硬化指数的增加,压头与材料接触的边缘处变形量逐渐减小。该方法建立在只改变应变硬化指数的前提之下,这种变化表明残余压痕的形貌与应变硬化指数相关。

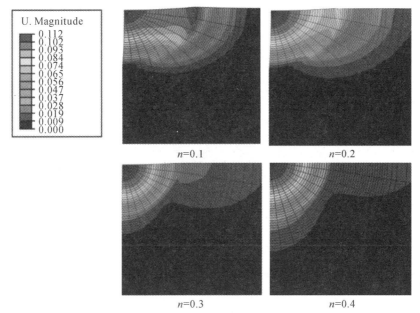

图 5-11 $\sigma_y/E = 0.006$ 时不同应变硬化指数有限元仿真结果图

为进一步探究各向异性材料中,应变硬化指数与残余压痕形貌之间的关系,作如下分析:在不同的材料各向异性指数值 m($m = \sigma_y/\sigma_x$)下,改变应变硬化指数,观察压痕形貌的变化,取 m 分别为 1.0,1.2,1.5,当 $m = 1.0$ 时,此时材料退化成各向同性材料。为了更清楚地呈现两个变量之间的关系,提取压痕在两个方向上的横、纵坐标参数,绘制成压痕形貌坐标图,三种不同 m 值下的压痕形貌坐标图如图 5-12 所示。

从图 5-12(a)中可以看出,随着应变硬化指数的变化,压痕形貌发生变化,压痕接触半径随着应变硬化指数的增加而逐渐减小,材料由凸起逐渐变得凹陷。这是因为应变硬化指数用来描述材料抵抗外力的情况,随着应变硬化指数的增加,材料抵抗变形的能力也增加。

在改变各向异性指数 m 的情况下,如图 5-12(b)(c)所示,m 的增大表示材料各向异性越来越强,不同方向的差异越来越大,但是压痕形貌的结果依然呈现随着应变硬化指数的增加,材料的凸起值越来越小的规律,而材料的凸起和凹陷可以用压痕的接触半径来描述。基于此,认为应变硬化指数与压痕的接触半径有必然的函数关系。在本章,将探索应变硬化指数与压痕半径的数学表达式。

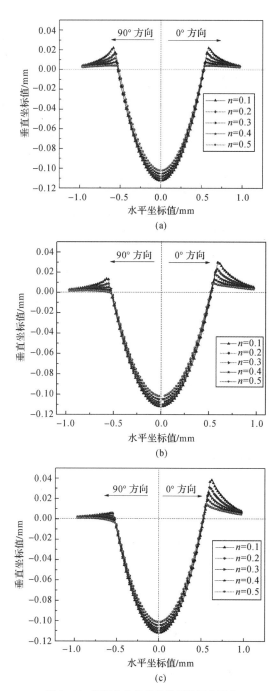

图 5-12 不同各向异性指数下的压痕形貌

(a) $m = 1.0$；(b) $m = 1.2$；(c) $m = 1.5$

5.2.2 等效压痕横截面积

对于各向同性材料,由于各个方向上的材料参数均相等,所以在压头卸载后,材料表面会形成压痕,压痕的投影为圆形截面。然而对于面内正交各向异性材料,由于在两个各向异性方向上的材料参数不同,在不同方向上对相同载荷的响应不同,会出现凸起、凹陷等不同残余压痕形貌,压痕的投影截面为椭圆形。对于正交各向异性材料,定义 $a^2_{\text{anisotropic}}$ 为

$$a^2_{\text{anisotropic}} = a_x \cdot a_y \qquad (5-46)$$

式中:下标 x,y 代表面内各向异性的不同方向,即 $0°$ 方向以及 $90°$ 方向。

根据做功相等原则,压痕法向投影面积可以表示为

$$\pi a^2 = \pi a^2_{\text{isotropic}} = \pi a^2_{\text{anisotropic}} = \pi a_x a_y \qquad (5-47)$$

对于式(5-47),可以理解为在相同载荷作用下,各向同性材料与各向异性材料的压痕面积相同,区别在于,各向同性的压痕投影是圆形,而各向异性材料的压痕投影是椭圆形。由式(5-47),可将各向异性的压痕投影根据面积相等的原则等效为各向同性的压痕投影,用 $\bar{a}$ 表示各向异性材料的等效压痕半径。其数学表达式为

$$\bar{a} = \sqrt{a_x a_y} \qquad (5-48)$$

等效压痕半径示意图如图 5-13 所示,真实压痕截面表示各向异性材料的压痕响应,等效压痕截面表示的是在同样载荷作用下等效各向同性材料的压痕响应。这可以理解为,在相同载荷下,各向异性材料和等效各向同性材料的压痕作用面积是相同的,区别仅为压痕的截面形状。对于正交异性材料来讲,压痕的投影为椭圆形,而对于多个方向的各向异性材料来讲,则是不规则形状。总的来讲,其压痕投影面积应该相同。图 5-13 为正交各向异性材料的压痕投影截面和其对应的等效各向同性材料压痕投影截面。

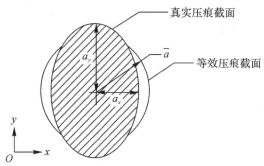

图 5-13 等效压痕法向截面投影示意图

在有限元计算之后,提取材料的压痕形貌参数,得到压痕接触半径值。由于有限元软件中网格划分等因素会影响对接触半径值的提取,在计算结果中压头与材料的接触半径很难精确提取,所以采取一种有效的方式来提取接触半径边界值。在刚性压头压入可变性材料后卸载,压痕的截面轮廓应该是一条连续的曲线,在接触半径边界值处会出现尖点。在数学中,函数的二次导数正是用来描述曲线的突变性的。对压痕轮廓曲线求二次导数,结果如图5-14所示。当对材料压痕的形貌曲线进行二次求导后会出现一个非常明显的突变点,将这个点的水平坐标值定义为接触半径值。

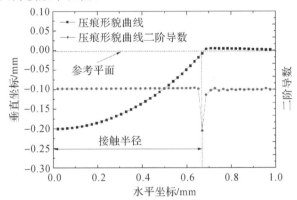

图5-14　有限元中接触半径数据提取方法示意图

5.2.3　量纲分析及无量纲函数

与单向拉伸实验的简单应力场不同,压痕测试技术中压头底部材料的压痕变形相对比较复杂。压痕深度以及压头形状、被压材料的弹塑性力学性能、刚性压头与被测材料的摩擦情况等很多因素都会影响材料的变形情况。在探究其中一个变量对研究对象的影响时,要借助数值仿真方法建立函数关系。与此同时,应该维持其他变量不变。量纲理论作为一种有效的数学方法,可以很好地简化这些变量对计算工作量的影响,从而建立起无量纲函数关系,使建立的数学模型更加方便、简单。无量纲方法是一种探索物理参量之间关系的方法,这些参量之间经常有某种关联。对其中一部分物理量规定物理单位,则其他的参数可以通过这些已知的参数表示出来。通常情况下把这种规定的度量单位称为基本度量单位,而所有其余的度量单位称为导出度量单位。在以下的研究中,采用量纲分析方法研究球形压痕测试过程中各个参量之间的函数关系。

因为量纲分析方法的便捷性,很多学者开始用量纲分析、建立材料的力学参数和压痕参数之间的函数关系式。Cheng 等人采用量纲分析方法分析得出力学参数之间的关系,并结合有限元仿真结果得到材料性能的拟合关系式。此后,出现了很多获得材料力学性能的算法,这些算法基本上都建立在有限元分析和无量纲函数的基础上。其中有代表性的就是 Cao 和 Lu 基于量纲分析建立的针对弹塑性材料的无量纲函数关系,即

$$P = f(E, \nu, E_i, \nu_i, \sigma_y, n, h, R) \tag{5-49}$$

式中,P 为压头载荷。

压头和试件的弹性模量可以用系统的弹性模量来表示:

$$\frac{1}{E^*} = \frac{1-\nu^2}{E} + \frac{1-\nu_i^2}{E_i} \tag{5-50}$$

当压头为刚性时,压头的弹性模量为无穷大,所以式(5-49)可以写为

$$P = \sigma_y h^2 \Pi\left(\frac{E^*}{\sigma_y}, \frac{h}{R}, n\right) \tag{5-51}$$

对于给定的压痕深度和压头半径,式(5-49)可以写为

$$P = \sigma_y h^2 \Pi\left(\frac{E^*}{\sigma_y}, n\right) \tag{5-52}$$

根据 Cao 和 Lu 提出的方法,对已知材料性能参数的压痕过程进行模拟,分析所得载荷数据,得到在给定压入深度下的函数关系。然而 Cao 和 Lu 提出的方法只针对各向同性材料,并没有考虑到各向异性材料,而且该方法忽略了材料在压痕过程中产生的凸起和凹陷等现象对材料参数测定的影响。此处针对各向异性材料,用 ABAQUS 软件进行有限元模拟,并采用 180 种性能不同的材料参数组合进行模拟。

本章所用材料的属性见表 5-4,泊松比均为 $\nu=0.3$;弹性模量与屈服应力的比值范围为 $75 < E/\sigma_y < 1\,000$,这个范围包含了大部分材料的属性;材料的各向异性指数 m 范围由 $1.0\sim2.0$(当 $m=1$ 时,材料为各向同性);材料的应变硬化指数的取值范围为 $0\sim0.5$。总共模拟六组,每一组包含 30 种材料参数组合,共 180 个算例,以获取不同力学参数的几何参数,建立压痕几何参数与材料力学参数之间的函数关系。

表 5-4 有限元仿真材料模型弹塑性参数

试件	E/GPa	σ_y/GPa	n	m	E/σ_y
第 1 组	60	0.1	0,0.1,0.2,0.3,0.4,0.5	1.0,1.2,1.5,1.8,2.0	600
第 2 组	60	0.4	0,0.1,0.2,0.3,0.4,0.5	1.0,1.2,1.5,1.8,2.0	150
第 3 组	60	0.8	0,0.1,0.2,0.3,0.4,0.5	1.0,1.2,1.5,1.8,2.0	75

续 表

试件	E/GPa	σ_y/GPa	n	m	E/σ_y
第4组	100	0.1	0,0.1,0.2,0.3,0.4,0.5	1.0,1.2,1.5,1.8,2.0	1 000
第5组	100	0.4	0,0.1,0.2,0.3,0.4,0.5	1.0,1.2,1.5,1.8,2.0	250
第6组	100	0.8	0,0.1,0.2,0.3,0.4,0.5	1.0,1.2,1.5,1.8,2.0	125

对于各向异性材料,接触半径可以表示为

$$a_x = \Pi_1(P,E,E_i,\nu,\nu_i,R,m,n,\sigma_x,h) \tag{5-53}$$

$$a_y = \Pi_2(P,E,E_i,\nu,\nu_i,R,m,n,\sigma_y,h) \tag{5-54}$$

式中,i 为代表压头的属性;ν 为泊松比;R 为压头半径。

如式(5-52)所示,压头反力 P 也可以用材料的参数表征。当材料泊松比 ν 均为固定值时,系统的弹性模量也可用被测试件表示。将式(5-52)代入,式(5-53)和式(5-54)可简化为

$$a_x = \Pi_3(E,R,m,n,\sigma_x,h) \tag{5-55}$$

$$a_y = \Pi_4(E,R,m,n,\sigma_y,h) \tag{5-56}$$

为了探究等效应变硬化指数与压痕形貌之间的关系,设压头半径 R、压痕深度 h 为固定值,当将压痕深度固定为 $h_{max}/R = 0.1$ 时,等效应变硬化指数可表达为

$$\frac{\bar{a}}{R} = \Pi\left(\frac{E}{\sigma_y},m,\bar{n}\right) \tag{5-57}$$

式(5-57)表示 $\bar{a}/R$ 与材料属性 $(E/\sigma_y,m,\bar{n})$ 有关。

根据流动应力的表达,流动应力和流动应变之间的关系可表示如下:

$$\frac{P}{\pi\bar{a}^2} = 3 \cdot K\left(0.2\frac{\bar{a}}{R}\right)^{\bar{n}} \tag{5-58}$$

对式(5-58)左、右两边取对数,并结合式(5-57)有

$$\ln\left(\frac{\bar{a}}{R}\right) = \Pi\left(\bar{n},m,\frac{E}{\sigma_y}\right) \tag{5-59}$$

从式(5-59)中可以看出,$\ln(\bar{a}/R)$ 与材料的应变硬化指数、各向异性指数,以及弹性模量与屈服应力的比值等参数相关。为了进一步的探究各个参数之间的关系,对表5-4中180组材料进行有限元仿真实验,仿真实验结束后提取压痕接触半径,对于 $m \neq 1$(即材料为各向异性)的材料,根据等效面积法得到等效接触半径。实验结果如图5-15所示。

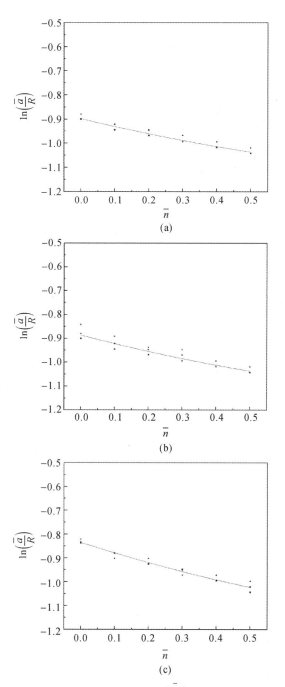

图 5-15　不同屈服应变下 $\ln\left(\dfrac{\bar{a}}{R}\right)$ 与 $\bar{n}$ 的关系图

(a) $E/\sigma_y = 75$;(b) $E/\sigma_y = 125$;(c) $E/\sigma_y = 150$;

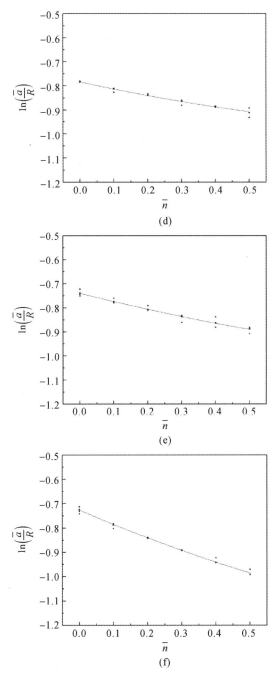

续图 5-15 不同屈服应变下 $\ln\left(\dfrac{\bar{a}}{R}\right)$ 与 $\bar{n}$ 的关系图

(d) $E/\sigma_y = 250$;（e) $E/\sigma_y = 600$;（f) $E/\sigma_y = 1\,000$

如图 5-15 所示,在六组模拟结果中,可以看出各向异性指数 m 对曲线的影响几乎可以忽略。在之后的研究中不考虑 m 值的影响。从实验结果可看出 $\ln(\bar{a}/R)$ 与等效应变硬化指数有关,且随着应变硬化指数的增大而减小。在材料的 E/σ_y 不同时,表现的现象一致,所以认为 $\ln(\bar{a}/R)$ 与材料的应变硬化指数相关。用三次多项式拟合,这种数据的拟合方法不含有等效抽象函数,且更直观形象。经拟合有

$$\ln\left(\frac{\bar{a}}{R}\right) = A\,\bar{n}^2 + B\bar{n} + C \qquad (5-60)$$

多项式拟合的系数参数见表 5-5。

表 5-5 式(5-60)中的系数

E/σ_y	75	125	150	250	600	1 000
A	0.124 1	0.133 1	0.152 5	0.120 2	0.102 4	0.176 6
B	−0.338 9	−0.367	−0.452 1	−0.306 9	−0.351 8	−0.606 7
C	−0.897 7	−0.886 3	−0.835 1	−0.783 6	−0.739 5	−0.725 8

表 5-5 中的系数 A,B,C 与 E/σ_y 相关,数据拟合如下:

$$A = 3.36 \times 10^{-17} \cdot \left(\frac{E}{\sigma_y}\right)^{5.071} + 0.119\ 9 \qquad (5-61a)$$

$$B = -1.632 \times 10^{-16} \cdot \left(\frac{E}{\sigma_y}\right)^{5.071} - 0.339\ 6 \qquad (5-61b)$$

$$C = -1.461 \cdot \left(\frac{E}{\sigma_y}\right)^{-0.354\ 8} - 0.593\ 2 \qquad (5-61c)$$

5.2.4 TC1M 板料等效应变硬化指数的计算结果

根据上述内容可计算材料的应变硬化指数,计算流程如图 5-16 所示。

以 TC1M 板料为研究对象,材料参数选取表 5-3 中的 TC1M 材料属性,对 TC1M 板料进行压痕测试仿真。由于 TC1M 的板料为各向异性材料,所以可获得材料的等效接触半径值。根据式(5-60)和式(5-61)计算可得,基于压痕形貌分析所得的等效应变硬化指数为 $\bar{n} = 0.078\ 05$。如上所述,等效应变硬化指数是各向异性材料的综合参数,因此对比了 TC1M 板料在不同方向上的应力-应变曲线,结果如图 5-17 所示。

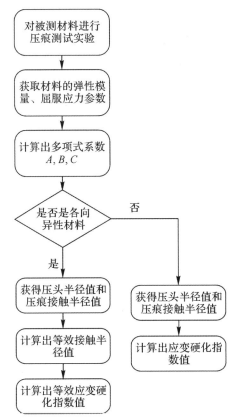

图 5 - 16　基于压痕形貌的应变硬化指数计算流程图

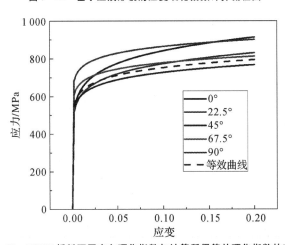

图 5 - 17　TC1M 板料不同方向硬化指数与计算所得等效硬化指数的对比图

对比表 5 - 3 中 TC1M 各个方向的材料属性,等效应变硬化指数的数值位于 TC1M 板料各个方向的极值中间，这也符合等效应变硬化指数的定义，即以一个等效的应变硬化指数取代替各向异性材料的各个方向的应变硬化指数，达到等效替换的作用。虽然等效的应力-应变曲线并不能和任意方向上的应力-应变曲线吻合，但用等效应力-应变曲线表征各向异性材料的属性比单个方向上的应力-应变曲线更为适合。

第 6 章

横截面压痕法表征材料正交塑性性能

在第 3～第 5 章中,研究了采用有限元仿真并结合数值分析方法来反推材料的塑性各向异性参数的过程,并取得了较好的参数识别结果。值得注意的是,当采用反分析方法进行材料参数识别时,需要同时考虑所假定材料本构模型中的所有未知参数,这往往会使材料参数的反分析过程变得非常复杂,尤其是当本构模型所涉及的未知参数非常多的时候,这种参数识别反分析方法将可能变得很不稳定。

横截面压痕法是在一般压痕测试基础上进行的一种改进的实验手段。其通过将压头沿着自由无约束边界进行加载,使压头底部材料能够沿着垂直于自由无约束横截面的法向进行流动,并以此结合实验观察来定量或定性分析材料的某些力学性能。当前,研究者们将这一实验方法运用到了分析获取辐射材料塑性硬化性能及辐射深度、表征薄膜材料的界面结合强度以及镀层材料的断裂韧度等方面,而当前对于基于横截面压痕法来表征材料面内塑性各向异性性能的研究则鲜见报道。

在本章中,将通过压痕实验及有限元分析,研究横截面压痕法表征材料塑性各向异性性能。结合有限元分析,将建立横截面压痕作用下各向异性材料横截面上面外变形特征与材料塑性异性参数之间的关系,再建立依据横截面压痕实验中面外变形特征分析获取材料塑性异性参数的方法,并将其用于镁合金 AZ31B 塑性异性性能的表征中。

|6.1 横截面压痕法的实验过程|

1. 材料和试件

在这里,所研究的材料为挤压镁合金 AZ31B。这种材料由于其低密度特征及良好的力学性能,在工业中得到了广泛的应用,如用于机车车身等。该材料的化学成分见表 6 - 1,表中的成分值表示的是质量分数。材料的原始形状为挤压棒材,挤压方向沿着材料的轴线方向。在挤压加工过程中,该种材料表现出明显的塑性各向异性。首先采用单轴压缩实验来确定材料的各向异性塑性性能,以使后续压痕实验测试所得的材料异性性能结果具有可比较性。

单轴压缩实验在电子万用试验机 CSS - 44100 上完成,压缩实验分别沿着横向和纵向进行。压缩实验的试件为圆柱形,直径为 10mm,高为 12mm。在应变计和数据采集器的辅助下测量材料在压缩过程中的应变。压缩实验中,试件的最大压缩比约为 10％。通过数据处理,可以得到镁合金 AZ31B 横向和纵向的真实应力-应变关系。采用 Hollomon 硬化法则对真实应力-应变关系进行拟合,可以得到材料沿着横向和纵向的弹塑性参数(见表 6 - 2)。在该表中,符号"1,T(3,T)"表示横向方向,"2,L"表示纵向方向。从表 6 - 2 中可以看出,挤压镁合金 AZ31B 表现出了明显的塑性各向异性,并且各向异性主要表现在屈服应力沿着挤压方向和垂直于挤压方向上的差异。纵向的屈服应力明显较高,且纵向和横向的屈服应力比值达到了 1.51,而弹性模量和应变硬化指数的差异较为微小。

表 6-1　镁合金 AZ31B 的化学成分

元素	Al	Zn	Mn	Si	Fe	Cu	Ni	Mg
质量分数/(%)	2.5~3.5	0.6~1.4	0.2~1.0	≤0.80	≤0.003	≤0.01	≤0.001	其余

表 6-2　镁合金 AZ31B 的单轴压缩力学性能

	E/GPa	σ_y/MPa	n
1,T	33.5	64.2	0.287
3,T	34.5	68.5	0.260
2,L	32.3	100.5	0.268

2.压痕实验设计及结果

图 6-1 所示为材料坐标系和横截面压痕试件。在实验中将试件沿着 1-2 平面,且与纵向呈 45°夹角方向切开。然后将试件的横断面进行抛光处理,降低表面粗糙度值,达到镜面效果。采用胶水将两个断面粘在一起。所采用的胶水为软胶水类型,在黏结处胶水的厚度小于 20 μm。对试件上、下两个表面进行抛光处理,保证试件上、下两个平面水平且表面平整,避免在压痕加载过程中试件发生倾斜。

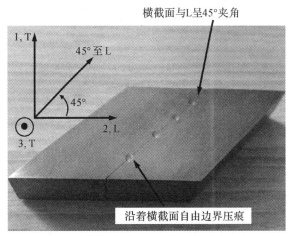

图 6-1　横截面压痕实验试件和材料坐标定义

图 6-2 所示为横截面压痕的示意图,其中虚线为压痕中心,虚线附近阴影部分为胶水黏结部分。压头底部试件上相互黏结在一起的两个面为自由无约束面,通过压痕加载可以使该自由面上的材料沿着横截面的法向方向自由变形。

设计该实验的目的就是要通过横截面压痕法,对横截面材料法向方向的自由流动进行释放,并观察该面上材料流动的变形特点,以分析材料的各向异性塑性力学性能对横截面上材料变形的影响。图 6-3 所示为卸载后残留在试件表面的压痕轮廓光学图像,其中箭头所指为横截面的法向方向。

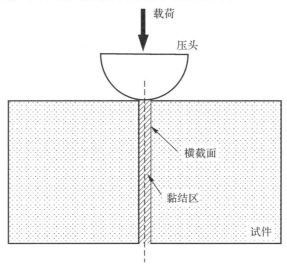

图 6-2　横截面压痕示意图

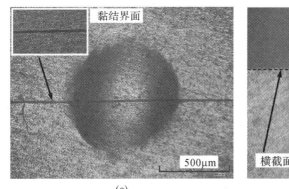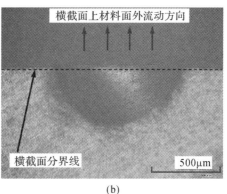

(a)　　　　　　　　　　　　　　　　　(b)

图 6-3　残留在试件表面的压痕轮廓

(a)黏结试件的整体轮廓;(b)分开试件局部轮廓视图

球形压痕实验在布什硬度计上进行,实验在室温下开展。压头采用直径为 5 mm 的碳化钨刚性压头。在压痕加载时,将压头沿着自由断面边界上竖直进行加载,且压头中心轴线保证在横截面上,如图 6-2 所示。在压痕加载过程中,材料会沿着横断面法向方向自由流动。在压痕实验中,采用了两个不同的压痕实验力,分别为 400 N 和 500 N。保载时间为 15 s。

对于残留在横截面上的变形场,采用光学轮廓仪(WYKO NT1100)进行测量。该仪器测量过程基于白光干涉原理,可获得精度非常高的三维表面测量结果。该仪器如图 6-4 所示。对应于横截面压痕实验中压痕力 400 N 和 500 N 作用下的测量结果分别如图 6-5(a)(b)所示。

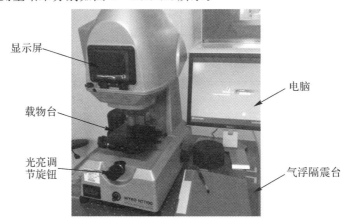

图 6-4 WYKO NT1100 表面轮廓仪

图 6-5 中虚线为压痕中心轴线。结合图 6-2 和图 6-3 可以看出,图 6-5 中实验测试所得的面外变形场均表现出了关于压痕中心轴线的非对称现象,即横截面上的面外变形轮廓总是偏向特定一侧。值得注意的是,球形压痕加载作用下本应该产生轴对称的材料变形结果。在这里,这种非对称的面外变形分布,可能是由材料本身具有的面内塑性各向异性性能所导致的。进一步结合有限元仿真对引起这种非对称面外变形场的原因进行揭示。

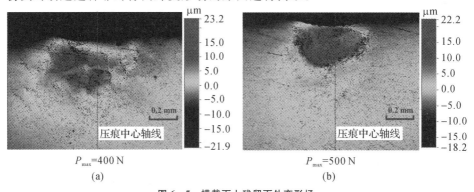

$P_{max}=400$ N

(a)

$P_{max}=500$ N

(b)

图 6-5 横截面上残留面外变形场

(a)压痕力 400 N 结果;(b)压痕力 500 N 结果

|6.2 基于横截面压痕法的材料正交异性性能识别|

6.2.1 横截面压痕法有限元建模

1.仿真模型设定

图 6-6 所示为正交塑性异性材料横截面压痕仿真模型的边界条件及材料坐标示意图。在这里,主要研究在横向和纵向具有明显塑性各向异性的正交异性材料。如图 6-6 中的材料坐标系所示,L 方向代表纵向,T 方向代表横向,该材料坐标系类型遵守右手定则定义,将会在本章后续数值分析中一直用到。采用 Hill48 屈服准则来描述正交塑性各向异性材料的变形行为。对该屈服准则已经在前面章节进行过详细叙述。同样采用六个屈服应力比值来描述材料的正交塑性各向异性状态。将材料的横向定义为 1(3),T 方向,纵向定义为 2,L 方向。将横向方向定义为应力-应变关系曲线的参考输入方向,横纹方向屈服应力表示为 σ_{YT},纵纹方向屈服应力表示为 σ_{YL},且横纹和纵纹方向上的屈服应力满足关系式 $\sigma_{YL} = R_{22}\sigma_{YT}$。同样,采用单个 Hollomon 应变硬化指数 n 值来描述材料的应变硬化行为。

图 6-6 所示为正交塑性异性材料横截面压痕仿真模型设定。其中,图 6-6(a)所示为横截面法向与材料坐标横纹(或纵纹)方向成 45°夹角的情形,且该情形与上述实验设计相一致。除此之外,材料坐标与横截面法向位置关系还可以存在如下两种特殊情形,分别如图 6-6(b)(c)所示。在图 6-6(b)的仿真设定中,横截面法向与横纹 T 方向平行。在图 6-6(c)的仿真设定中,横截面法向与纵纹 L 方向相平行。在上述仿真模型设定中,材料坐标与横截面法向之间的相互位置关系可以通过在仿真中沿着 3,z 轴旋转材料坐标系进行调整。

在压痕加载过程中,压头沿着横断面加载,且加载方向垂直于 L-T 两个平面。此外,在横截面上无边界约束。值得注意的是,在仿真中将横截面上边界条件设定为自由无约束状态,其目的在于随着压头的加载,使压痕底部横截面上材料能够沿着法向方向流动。这里主要关注于材料塑性各向异性性能对横截面上材料在压痕作用下的变形的影响。

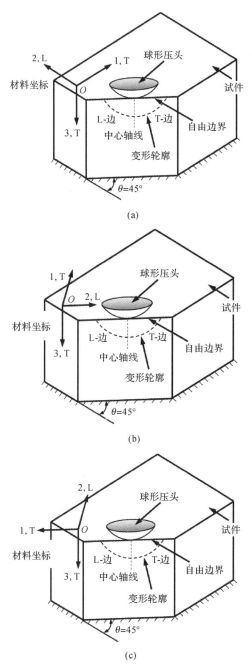

图 6-6 横截面压痕仿真模型设定

(a)横截面法向为与材料横向成 45°夹角方向;(b)横截面法向沿着材料横向方向;

(c)横截面法向沿着材料纵向方向

2.压痕有限元仿真模型

采用 ABAQUS 商用有限元软件来描述横截面球形压痕作用下正交塑性异性材料的变形行为。图 6-7 所示为所建立的有限元模型、网格和边界条件。将球形压头假定为刚体,采用 R3D4 单元类型。压头的直径为 5 mm。试件为变形体,采用 C3D8R 单元类型。在压头和试件的局部接触区域进行网格加密,在该区域中最小单元尺寸为 50 μm。将试件的泊松比定义为 0.3,因为在压痕分析中,泊松比通常被认为是一个非常小的因素。将试件的高和半径定义为 9.6 mm,这个值设定得足够大,以保证远边界条件对于压痕响应的影响可以忽略不计。试件所采用的单元总数为 20 232 个,压头所采用的单元总数为 4 000 个。将压头和试件之间的接触摩擦因数定义为 0.1,因为刚性压头和金属之间的接触摩擦因数通常在这个值左右。对试件底部的位移进行固定约束,而在横截面上,节点的位移无约束,可沿着垂直于横截面的方向自由移动。压头垂直向着穿透试件表面的方向运动,采用力控制直到达到所设定的最大压痕力 P_{max} 时,压头逐渐卸载。

在图 6-7 中定义了用于描述材料变形的几何坐标。其中,几何坐标中的 U_1 方向与横截面法向相平行。材料沿着横截面法向方向的流动也称为横截面上的面外变形。在材料坐标与横截面法向之间位置关系的变化中,几何坐标作为不变参照。在有限元仿真模型中,材料坐标与仿真模型中横截面法向之间的相对位置关系可通过沿着 z 轴旋转材料坐标系实现。

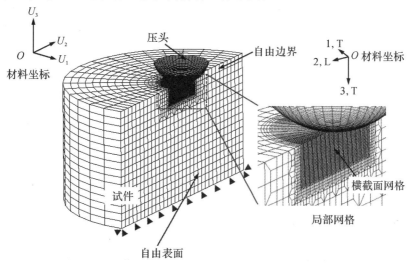

图 6-7 横截面压痕法有限元模型、网格和边界条件

在有限元分析中,主要关注横截面上材料沿着面外方向变形场的分布特征

（压头卸载状态下）。因此，在这里将主要展示横截面上沿着面外方向位移场的有限元计算结果。首先选取各向异性材料进行有限元数值研究。选取弹性模量 E 为 400 GPa、横纹方向屈服应力 σ_{YT} 为 200 MPa、应变硬化指数 n 为 0.3 的材料，并且，将各向异性参数 R_{22} 分别取值为 1.0 和 1.5 进行仿真计算。所预定的最大压痕力为 400 N。图 6-8 所示为横截面法向与材料坐标在三种不同相对位置情形下采用上述材料参数仿真所得的横截面上面外变形位移云图。

在图 6-8 中，虚线为球形压头加载中心轴线。当 R_{22} 取值为 1.0 时，材料为各向同性。此时，材料坐标与横截面法向之间相对位置对横截面上面外变形场分布并没有影响，即材料坐标与横截面法向在上述三种不同相对位置情形下仿真结果均相同，为图 6-8(a) 所示结果。图 6-8(b) ~ (d) 所示横截面上面外变形云图则为 R_{22} 取值为 1.5 时横截面法向与材料坐标在上述三种不同位置关系下的对应结果。其中，图 6-8(b) 为横截面法向与材料纵纹方向相平行情形下的仿真结果。图 6-8(c) 为横截面法向与材料横纹方向相平行情形下的仿真结果。图 6-8(d) 为横截面法向与材料横纹方向成 45°夹角情形下的仿真结果。

从图 6-8 中可以看出，当 R_{22} 取值为 1.5 时，在横截面法向与材料坐标三种不同位置关系的计算结果中，仅在横截面法向与横纹方向呈 45°夹角情形下 [图 6-6(a) 中模型设定]，压痕底部横截面上材料位移分布表现出了偏离压入中心线的情况，如图 6-8(d) 中所示，该情形与上述中实验结果相似。在该种情形下，压痕底部横截面上面外变形轮廓关于中心轴线明显发生了偏移。在横截面法向与材料横向或纵向平行的情况下，压痕底部横截面上面外位移分布仍关于压入中心对称。

因此，当横截面法向与材料横纹成 45°夹角时，面外变形特征所发生的关于压入中心的偏移现象是在特定的横截面压痕设计条件下由材料本身的塑性各向异性导致的。图 6-6(b)(c) 所示情形中，当横截面法向与材料横纹或纵纹相平行时，在压痕作用下横截面上面外变形仍关于压入中心对称（尽管在这两种情形下横截面上面外变形特征有所差别）。相比于图 6-8(a) 中的变形云图，图 6-8(b) 中变形云图底部更为平坦，而图 6-8(c) 中变形云图底部则稍微尖锐。

在后续工作中将进一步开展参数化研究，以分析材料正交塑性对在上述材料坐标与横截面法向不同相对位置关系条件下面外变形轮廓的影响。对于横截面法向与材料横纹方形成 45°夹角的情形，为判断横截面上材料面外变形的偏移方向 [相对于压入轴线，如图 6-6(a) 中压头底部虚线所示]，参考所定义材料坐标，将压入轴线两侧横截面分为 L 和 T 两侧，如图 6-6(a) 所示。在后续研究中，将分析具有不同正交塑性异性性能材料，其压痕仿真所得横截面上面外变形场在 L 和 T 两侧的差异。

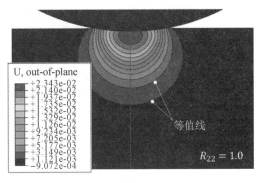

(a)

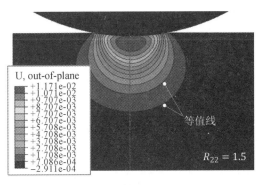

(b)

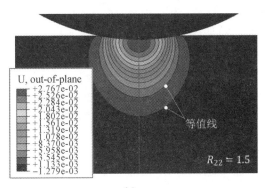

(c)

图 6 - 8　压痕底部横截面上面外(out-of-plane)位移分布云图

(a) R_{22} 为 1.0 时的结果；(b)横截面法向与材料纵纹方向平行且 R_{22} 为 1.5 时的结果；

(c)横截面法向与材料横纹方向相平行且 R_{22} 为 1.5 时的结果；

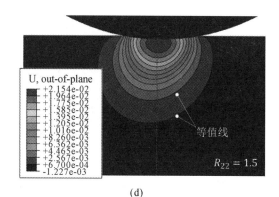

(d)

续图 6-8 压痕底部横截面上面外(out-of-plane)位移分布云图

(d)横截面法向与材料横纹方向成 45°夹角且 R_{22} 为 1.5 时的结果

6.2.2 面外变形轮廓形状的表征与参数化分析

1.面外变形轮廓形状的表征

为进一步描绘横截面上面外位移云图的形状,设定一个位移阈值,定义为 U_{thr} 。将图 6-8(d)中变形云图的位移阈值 U_{thr} 取值为 2 μm,结果如图 6-9 所示。从图 6-9 中可以看出,相对于压痕中心轴线,横截面上面外变形云图的非对称性更明显可见,并且面外变形轮廓偏朝向特定的方向(朝向 L 边一侧)。为进一步表示横截面上面外位移轮廓的偏移程度,分别采用两个圆来逼近横截面上变形轮廓底部的形状,如图 6-10 所示。其中,在 T 边上的逼近圆直径定义为 d_T,而在 L 边上的逼近圆直径定义为 d_L 。将用于逼近面外变形轮廓的过程描述如下。首先,分别在 T 和 L 边的变形轮廓线上选取三个点,然后依据这三个点可以唯一地确定每个边上变形轮廓的逼近圆,如图 6-10 所示。此处,在压入中心每侧上三个点的选取应较为分散,以获得稳定的逼近效果。从图 6-10 中可以看出,采用两个逼近圆能够很好地描述横截面上变形场的偏移特征。

假定横截面上面外变形轮廓的偏移是由材料横纹和纵纹上屈服应力的差异导致的,则这种偏移程度的大小和方向均应该与纵纹和横纹上屈服应力的比值 σ_{YL}/σ_{YT} 相关。在图 6-10 的仿真结果中,当 σ_{TL}/σ_{YT} 取值为 1.5 时,横截面上位移轮廓明显偏向于特定一边。在研究中,将两个逼近圆的相对位置采用其直径的比值 R_d 来描述,表示为 $R_d = d_T/d_L$ 。因此,参数 R_d 同样表示横截面上面外变形轮廓底部形状相对于压痕加载中性线的偏移程度。

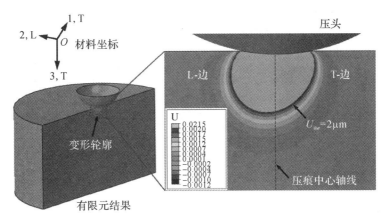

图 6-9　横截面压痕下的面外位移场云图

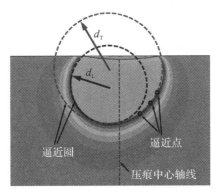

图 6-10　采用两个逼近圆来描述截面上变形轮廓的底部形状

2. 面外变形特征的参数化分析

从上述内容中已经知道,当将正交塑性异性材料采用特定方式进行横截面压痕实验时,其横截面上的面外变形场可以表现出相对于压痕中心轴线的偏移现象。在这里,将进一步开展参数化有限元分析来确定正交塑性参数对面外变形场形状的影响。总的来说,对面外变形场可能造成影响的因素可以分为两类:一类是材料本身的力学性能参数,如弹性模量、参考屈服应力、应变硬化指数、弹性各向异性、塑性各向异性等;另一类是仿真时可人为选择的边界条件参数,如预定的最大压痕力大小、面外变形轮廓的位移阈值等。为了定量地研究这些因素对面外变形场轮廓形状的影响,将分别采用一些不同的材料参数组合及仿真边界参数进行研究,并对仿真结果加以比较分析。

图 6-11 所示为横截面法向与材料横纹方向平行时,塑性异性参数 R_{22} 对横截面上面外变形轮廓形状的影响。在这里,仿真中用到的材料塑性参数为

$E = 100\ \mathrm{GPa}$，$\sigma_{\mathrm{YT}} = 200\ \mathrm{MPa}$，$n = 0.1$。塑性异性参数 R_{22} 逐渐从 0.6 增加到 2.0。采用的最大压痕力 $P_{\max}$ 为 200 N，位移阈值 U_{thr} 为 3 μm。从图 6-11 中可以看出，当横截面法向与材料横纹方向相平行且 R_{22} 在区间 0.6～2.0 内取值时，横截面上面外变形轮廓均未发生偏转现象。此外，横截面上面外变形轮廓随着 R_{22} 的增加而单调变化。当 $R_{22} < 1.0$ 时，横截面上轮廓底部较为平坦，随着 R_{22} 的增大，轮廓底部逐渐变得尖锐。

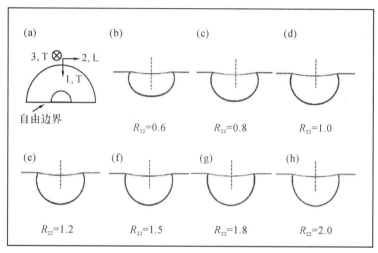

图 6-11　横截面法向与横纹方向平行时，塑性异性参数 R_{22}
对横截面上面外变形轮廓的影响

图 6-12 所示为横截面法向与材料纵纹相平行时，塑性异性参数 R_{22} 对横截面上面外变形轮廓形状的影响。在此种情形下，用于仿真的材料参数为 $E = 100\ \mathrm{GPa}$，$\sigma_{\mathrm{YT}} = 800\ \mathrm{MPa}$，$n = 0$。塑性异性参数 R_{22} 逐渐从 0.6 增加到 2.0。预定的最大压痕力 $P_{\max}$ 为 600 N 且位移阈值 U_{thr} 为 2 μm。从图 6-12 中可以看出，在此种情形下且 R_{22} 在区间 0.6～2.0 内取值时，横截面上面外变形轮廓仍然表现出关于压入中心对称的情形。然而，面外变形轮廓的特征变化趋势似乎与图 6-11 中有着相反的趋势。当 R_{22} 小于 1.0 时，横截面上轮廓底部较为尖锐，随着 R_{22} 的增大，轮廓底部逐渐变得平坦。

图 6-13 所示为横截面法向与材料横纹方向成 45°夹角时，塑性异性参数 R_{22} 对横截面上面外变形轮廓形状的影响。在此处，进行参数化分析的材料性能参数分别为：弹性模量 $E = 400\ \mathrm{GPa}$，参考屈服应力 $\sigma_{\mathrm{YT}} = 200\ \mathrm{MPa}$，应变硬化指数 $n = 0.3$，而各向异性参数 R_{22} 从 0.6 逐渐增加到 2.0。此时，选取的压痕力为 800N，选定的位移阈值 U_{thr} 为 2 μm。

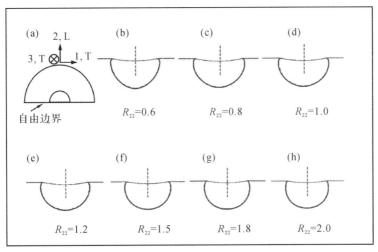

图 6 - 12 横截面法向与纵纹方向平行时,塑性异性参数 R_{22}

对横截面上面外变形轮廓的影响

从图 6 - 13 中可以清楚地看到,横截面面外变形轮廓底部偏离中心轴线的方向随着 R_{22} 的增加而单调地变化。当 R_{22} 小于 1 时,轮廓线偏向于 T 边,而当 R_{22} 逐渐增加到大于 1 的时候,这个偏离方向逐渐朝向 L 边。此外,当 R_{22} 为 1 时,面外变形轮廓线关于压痕中心轴线对称。值得注意的是,当 R_{22} 小于 1 时,σ_{YL} 小于 σ_{YT} 。而当 R_{22} 大于 1 时,σ_{YL} 大于 σ_{YT} 。也就是说,随着 R_{22} 的变化,面外变形轮廓总是指向屈服应力更高的一侧。

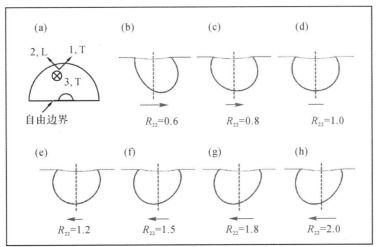

图 6 - 13 横截面法向与横纹成 45°夹角时,塑性异性参数 R_{22}

对横截面上面外变形轮廓的影响

当横截面法向与材料横纹或纵纹方向平行时,仿真结果(见图 6 - 10 和图 6 - 11)虽然能够表现出与塑性异性参数 R_{22} 的相关性,但是,这种相关性并不明显。相比较而言,在横截面法向与材料横纹成 45°夹角情形下的仿真结果(见图 6 - 12)则包含了更多反映材料塑性异性性能的信息,更具有指导意义。接下来,将重点对横截面法向与材料横纹成 45°夹角情形下的仿真结果进行深入分析。图 6 - 14 所示为采用两个逼近圆来逼近图 6 - 13 中的面外变形轮廓而得到的结果。

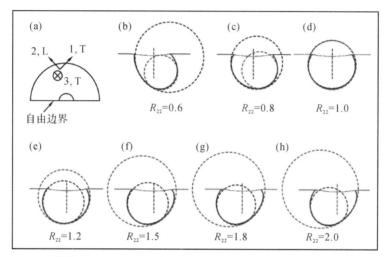

图 6 - 14　横截面法向与横纹呈 45°夹角时,面外变形轮廓的逼近圆随 R_{22} 的变化情况

从图 6 - 14 中可以看出,两个逼近圆的相对位置随着 R_{22} 的增加而单调变化。当 R_{22} < 1 时,d_{T} < d_{L} ,此时 R_{d} < 1。然而,当 R_{22} 逐渐增加到大于 1 时,d_{T} > d_{L} ,此时 R_{d} > 1。此外,当材料为各向同性时,R_{22} = 1,此时这两个逼近圆重合,且 d_{T} 近似等于 d_{L}。从图 6 - 14 中可以看出,面外变形轮廓形状(R_{d} 值)和塑性各向异性参数 R_{22} 之间存在着极其紧密的关系。仿真结果证明,当横截面法向与材料横纹方向成 45°夹角时,横截面上面外变形轮廓的偏移方向和偏移程度均与 R_{22} 密切相关,且这个关系是单调变化的。接下来,将进一步系统地研究其他外在因素(如材料的参考屈服应力、硬化指数以及仿真边界条件中的压痕力和位移阈值等)对于上述这种关系的影响。

图 6 - 15 所示为应变硬化指数、屈服应变、弹性各向异性以及所选取的位移阈值等对面外变形轮廓特征的影响分析。分别对应变硬化指数、屈服应变、弹性各向异性以及所选取的位移阈值等量进行单独变化,并将其对面外变形场形状的影响进行了系统的研究,结果分别如图 6 - 15(a)~(d)所示。

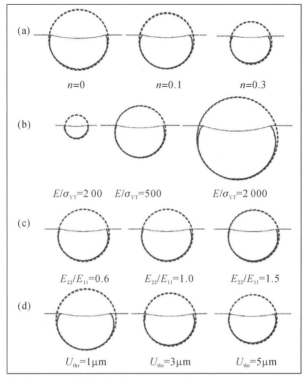

图 6-15　当塑性异性参数 R_{22} 为 1.0 时，应变硬化指数、屈服应力、弹性
各向异性及位移阈值对于横截面上面外变形特征的影响

其中，图 6-15(a)中的参数取值分别为：弹性模量 $E=100$ GPa，参考屈服
应力 $\sigma_{YT}=200$ MPa，硬化指数 n 逐渐从 0.0 增加到 0.3。图 6-15(b)中的参数
取值分别为：弹性模量 $E=100$ GPa，硬化指数 $n=0.1$，参考屈服应力逐渐从
80 MPa增加到 800 MPa，相应的塑性参数 E/σ_{YT} 则从 125 逐渐变化到 1 250。
图 6-15(c)中的参数取值分别为：参考屈服应力 $\sigma_{YT}=200$ MPa，硬化指数 $n=$
0.1，弹性模量比 E_{22}/E_{11} 分别从 0.6 增加到 1.5。图 6-15(d)中的参数取值分
别为：弹性模量 $E=100$ GPa，参考屈服应力 $\sigma_{YT}=200$ MPa，硬化指数 $n=0.1$，
位移阈值取值逐渐从 1 μm 增加到 5 μm。在图 6-15 中的所有仿真情况中，横
截面法向与材料横纹成 45°夹角，并且将材料假定为各向同性（$R_{22}=1$）。

从图 6-15 中可以看出，当 R_{22} 取值为 1 时，所有的面外变形轮廓形状都关
于压痕中心轴线对称，且两个逼近圆几乎是重合的（R_d 近似为 1）。而且，应变
硬化指数、屈服应变、弹性各向异性以及位移阈值等只对面外变形轮廓的相对大
小有影响，而对面外变形轮廓底部形状几乎没有影响，对于两个逼近圆之间的位
置关系同样也没有影响。也就是说，当材料为各向同性时，上述考虑的其他因素

并不会改变横截面上面外变形场的变形特征。进一步系统地研究当 R_{22} 取值为 1.5 时,应变硬化指数、屈服应变、弹性各向异性以及所选取的位移阈值对面外变形场形状的影响,结果如图 6-16 所示。此处横截面法向与材料横纹成 45° 夹角。

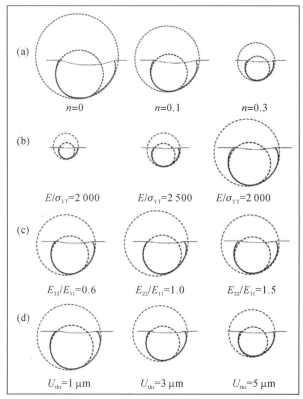

图 6-16 当塑性异性参数 R_{22} 为 **1.5** 时,应变硬化指数、屈服应力、弹性各向异性及位移阈值对横截面上面外变形特征的影响

图 6-16(a)中的参数取值分别为:弹性模量 $E=400$ GPa,参考屈服应力 $\sigma_{YT}=200$ MPa,硬化指数 n 逐渐从 0.0 增加到 0.3。图 6-16(b)中的参数取值分别为:弹性模量 $E=400$ GPa,硬化指数 $n=0.3$,参考屈服应力逐渐从 200 MPa 增加到 2 000 MPa,相应的塑性参数 E/σ_{YT} 从 200 逐渐增加到 2 000。图 6-16(c)中的参数取值分别为:参考屈服应力 $\sigma_{YT}=200$ MPa,硬化指数 $n=0.1$,弹性模量比 E_{22}/E_{11} 分别从 0.6 增加到 1.5。图 6-14(d)中的参数取值分别为:弹性模量 $E=400$ GPa,参考屈服应力 $\sigma_{YT}=200$ MPa,硬化指数 $n=0.3$,位移阈值取值逐渐从 1 μm 增加到 5 μm。从图 6-16 中可以看出,当 R_{22} 取值为 1.5 时,应变硬化指数、屈服应变、弹性各向异性以及所选取的位移阈值等参数同样只会影响

面外变形轮廓形状的大小,对于轮廓两个逼近圆的相对位置几乎没有影响。

将图 6-16 中所有仿真情形下的 R_d 值进行了提取,结果分别表示在图 6-17 中。可以看出,尽管在图 6-16 的仿真计算及结果处理中采用了不同的应变硬化指数、屈服应变、弹性各向异性以及位移阈值,但是这些参数对于 R_d 值几乎没有影响。图 6-17 中 R_d 较小的波动可能是由仿真结果的数值震荡或者逼近误差所造成的,可以忽略不计。因此,可以得到这样的结论:在正交塑性材料的横截面压痕中,R_d 值的大小只与各向异性塑性参数 R_{22} 有关,且独立于应变硬化指数、屈服应变、弹性各向异性以及所选定的位移阈值。

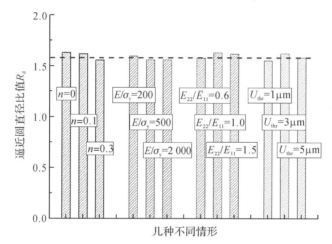

图 6-17　应变硬化指数、屈服应力、弹性各向异性及
位移阈值对横截面上面外变形特征的影响

基于上述横截面上面外变形偏移特征的参数化分析结果,将图 6-14 中不同 R_{22} 情形下逼近面外变形轮廓圆的 R_d 值进行了提取,并给出了参数 R_d 和 R_{22} 之间的显式关系,结果如图 6-18 所示。可以看出,在 R_{22} 取值为 0.6~2.0 时,R_{22} 与 R_d 之间呈单调递增的关系。

值得注意的是,在正交异性材料的塑性本构模型中,塑性异性参数 R_{22} 本质上代表了正交异性方向上屈服应力之间的差异量。在横截面压痕分析中,提出采用 R_d 值来表示横截面上变形特征的偏移程度,其本质上表示了由于材料塑性异性所导致的材料变形不均匀程度。在这里,采用二次多项式对 R_{22} 和 R_d 值之间的关系进行了拟合,即

$$R_{22} = 0.197\,2R_d^2 + 0.363\,9R_d + 0.413\,7 \tag{6-1}$$

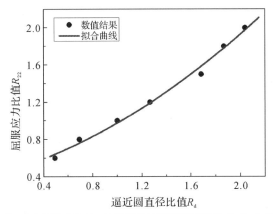

图 6 - 18　各向异性参数 R_{22} 与横截面上面外变形特征参数 R_d 之间的关系

在式(6-1)中,首次直接建立了各向异性材料正交异性方向屈服应力比与材料压痕响应特征量之间的关系。在先前的一些文献中,研究者们多采用球形压痕卸载残留在试件表面上压痕轮廓形貌的不均匀位移场(如横纹和纵纹方向上变形轮廓之间的差异)来反映材料的塑性各向异性。然而,在先前的这些研究中,并不能在不考虑材料本构模型中其余塑性参数(如参考屈服应力及硬化指数)影响的条件下,直接建立材料正交方向上屈服应力比参数与压痕响应不均匀变形特征之间的关系。在横截面压痕条件下,式(6-1)能够实现将压痕不均匀变形特征与材料正交方向屈服应力比直接且唯一地关联,这代表着当前研究的进展和创新之处。接下来,将基于式(6-1)的关系表达式,结合镁合金 AZ31B 横截面压痕实验获得的面外变形轮廓特征,对该材料塑性异性参数值进行识别。

6.2.3　塑性异性参数的识别

图 6 - 19 所示为对横截面压痕实验中截面面外位移轮廓进行逼近的结果。在这里,选取的位移阈值 U_{thr} 约为 10 μm。结果显示,对应于压痕力 400 N 和 500 N 作用下,面外位移轮廓底部的偏移量 R_d 分别为 1.56 和 1.65。图 6 - 20 所示为采用式(6-1)估计所得的 R_{22} 值,及其与单轴实验结果的比较。所估计的 R_{22} 值的大小及其与单轴实验的误差见表 6 - 3。可以看出,通过式(6-1)估计所得的 R_{22} 值是比较准确的。在压痕实验力 400 N 和 500 N 下,结合式(6-1)估计所得的 R_{22} 值和单轴实验的误差分别为 -3.31% 和 +2.65%。结果表明,采用横截面压痕法表征材料塑性各向异性参数的方法是有效的。此外,在压痕力 500 N 作用下能够获得更为准确的结果。

值得注意的是,在实验中获取有效的实验数据非常重要,如横截面面外位移场分布。这是由于对于位移场特征描述的逼近圆依赖于所选取的三个逼近点,如图6-10所示。当实验获得的位移轮廓清晰、可分辨性好的时候,这种逼近效果是非常好的。如在仿真中能够获得很好定义的横截面上位移场分布,此时逼近结果是很准确的,而在实验中,这种逼近做法需要仔细使用。这是由于实验结果容易受到一些外在因素的影响,如压痕力选取以及表面平整度和粗糙度等。

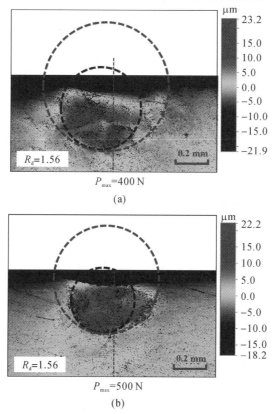

图6-19 截面上面外变形轮廓形状的逼近

(a)在压痕力400 N作用下的变形轮廓;(b)在压痕力500 N作用下的变形轮廓

也就是说,实验条件比较重要。此外,在实际的横截面压痕实验中,压痕力的选取同样需要注意。在载荷增加的过程中,压头底部材料会发生弹塑性转变。因此,所采用的压痕力不能太小,以免材料变形为弹性所主导,塑性变形的比重过小,不能反映出材料的塑性各向异性导致的变形特征。然而,压痕力也不能太大,以免材料沿着面外流动时受其他不确定因素的影响,如沿着边界处可能发生的断裂行为。可以通过试错的方法得到一个较优的压痕力,以获得能够很好分辨的面外变形轮廓。

表 6 - 3　镁合金 AZ31B 塑性参数识别结果与单轴数据比较

单轴		压痕	
		压痕力 400 N	压痕力 500 N
R_{22}	1.51	1.46	1.55
误差/(%)	—	−3.31	+2.65

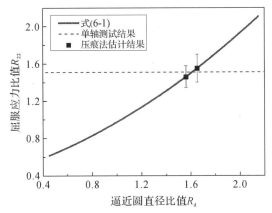

图 6 - 20　R_{22} 与 R_d 之间关系及塑性参数识别结果与单轴实验结果的比较

|6.3　塑性异性对材料流动的约束效应分析|

　　在上述内容中介绍了如何通过特定的横截面压痕及其面外变形轮廓特征来分析获取材料正交塑性性能参数,并通过实验验证了所提出的方法的有效性。本小节将进一步采用有限元分析,对横截面压痕中塑性异性性能对材料流动的约束效应进行揭示,主要关注于在横截面法向与材料坐标的三种不同位置情形下,横截面上自由边界条件对压痕底部材料塑性流动的影响。因此,在这三种仿真模型设定中,分别对横截面施加对称约束边界条件和自由无约束边界条件,并对相应的仿真结果进行比较和分析。为了使对应不同边界条件时材料的变形特征有可比较性,将图 6 - 7 中所用到的横截面压痕仿真模型中压头的运动方式改为位移控制模式,其余边界条件保持不变。在这里,仿真中的正交塑性参数:弹性模量 E 为 400 GPa,横纹方向屈服应力 σ_{YT} 为 200 MPa,应变硬化指数 n 为

0.3。将各向异性参数 R_{22} 固定为 1.5。在仿真中,压痕深度与压头半径之比 h_{max}/R 固定为 0.1。

图 6-21 所示为在横截面法向与材料横纹呈 45° 夹角情形下,压痕卸载残留在试件表面轮廓形貌的比较结果。其中,图 6-21(a)为在横截面上施加对称边界约束的结果,图 6-21(b)为横截面上自由无约束的结果。在横截面法向与材料坐标的其余两种位置关系下,压痕轮廓的对比结果分别如图 6-22 和图6-23 所示。在图 6-22 中,横截面法向与材料横纹方向相平行。在图 6-23 中,横截面法向与材料纵纹方向相平行。从图 6-21(a)中可以看出,当在横截面上施加对称约束时,由于塑性各向异性的存在,压痕卸载残留轮廓位移表现出明显的不均匀分布,即较低的屈服应力方向表现出较高的凸起现象,如图 6-23(a)中标识 A 处所示。值得注意的是,当材料为各向同性($R_{22}=1$)时,将不会表现出这种不均匀分布。

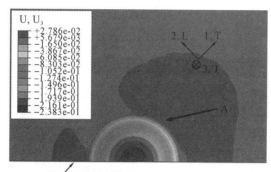

对称约束边界条件

(a)

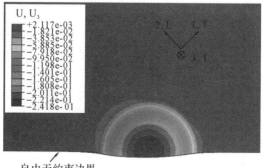

自由无约束边界

(b)

图 6-21 横截面法向与材料横纹呈 45° 夹角情形下,试件表面残留压痕形貌的比较
(a)横截面对称约束;(b)横截面自由无约束

在这里,认为这种压痕卸载残留轮廓位移的不均匀分布是由塑性各向异性性能对压痕底部材料流动的特定"约束效应"作用所导致的。也就是说,当横截面上采用对称约束边界条件时,压痕卸载残留轮廓将由于塑性各向异性对材料流动的"约束效应"而表现出不均匀分布特征,即较低屈服应力方向出现较高凸起的现象。类似的结果如图6-22(a)和图6-23(a)所示。

然而,结合图6-21(b)、图6-22(b)和图6-23(b)可以看到,当横截面上为自由无约束边界条件时,残留压痕的不均匀分布被极大地削弱了。因此,当横截面采用自由边界条件时,能够有效地将塑性异性对压痕底部材料流动的这种"约束效应"进行改变。进一步,将对横截面采用自由边界条件所引起的塑性异性"约束效应"变化结果(见图6-24)进行分析。

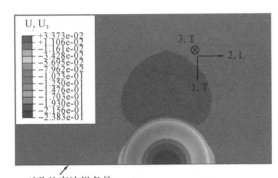

对称约束边界条件

(a)

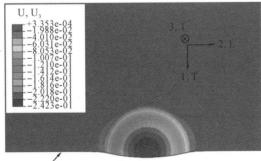

自由无约束边界

(b)

图6-22 横截面法向与材料横纹相平行时残留压痕形貌的比较

(a)横截面对称约束;(b)横截面自由无约束

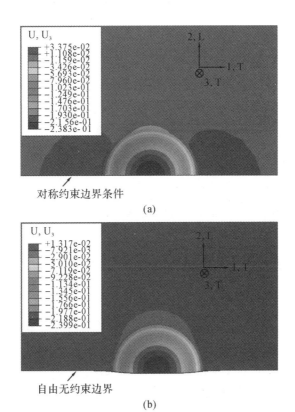

对称约束边界条件

(a)

自由无约束边界

(b)

图6-23 横截面法向与材料纵向平行时残留压痕形貌的比较
(a)横截面对称约束；(b)横截面自由无约束

图6-24所示为在横截面法向与材料横纹成45°夹角情形下,压痕底部材料的变形流动分布。其中,材料流动分布由材料变形节点上箭头的大小和方向表示。图6-24(a)所示为在横截面上施加对称约束的结果。图6-24(b)所示为横截面上自由无约束的结果。为了清楚表示压头底部材料内部节点流动分布,将试件沿着1-3平面剖开。图中标注点A处,对应于图6-23(a)中A点所示位置。在这里,1-3剖面同时也是沿着横纹T方向剖开的变形面。在图6-24中,当横截面上为对称约束条件时,A标识点处材料出现向着试件表面的变形方向,产生横纹方向凸起的现象。当横截面为自由边界时,A标识点处材料流动发生明显朝向压痕底部的变化。因此,正是横截面自由边界条件的存在,才引起塑性异性对材料流动"约束效应"的变化,并将塑性异性对材料流动的"约束效应"反映在了横截面法向变形场上,从而给出本章中横截面法向方向上特定的变形行为。这为本研究所提出的横截面法表征材料正交塑性性能提供了理论依据,并为合理地设计横截面压痕实验以进行材料塑性异性性能表征提供了指导

基于压痕测试的材料力学性能识别理论与方法

意义。

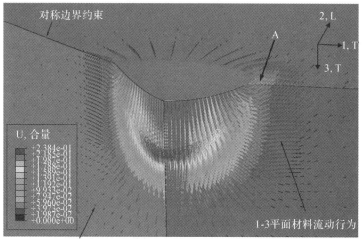

(a)

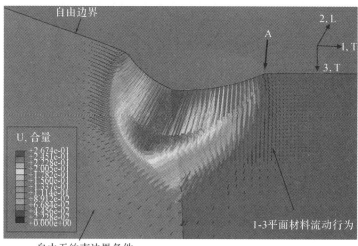

(b)

图 6-24　横截面法向与材料横纹成 45°夹角情形下,压痕底部材料流动分布情况

(a)横截面对称约束;(b)横截面自由无约束

|参 考 文 献|

[1]吴建军，周维贤. 板料成形性基本理论[M]. 西安：西北工业大学出版社，2010.

[2]俞汉清，陈金德. 金属塑性成形原理[M]. 北京：机械工业出版社，2002.

[3]张泰华. 微/纳米力学测试技术及应用[M]. 北京：机械工业出版社，2005.

[4]刘美华. 压痕硬度测试中的力学问题研究[D]. 天津：天津大学，2007.

[5]王忠仁，胡卫龙，胡蓝. 屈服准则与塑性应力-应变关系理论及应用[M]. 北京：高等教育出版社，2014.

[6]CHEN Z, BONG H J, LI D, et al. The elastic-plastic transition of metals[J]. International Journal of Plasticity, 2016, 83：178 - 201.

[7]WU J Y, CHIU Y S, WANG Y W, et al. Mechanical characterizations of single-crystalline (Cu, Ni)：6Sn5 through uniaxial micro-compression[J]. Materials Science and Engineering A, 2019, 753：22 - 30.

[8]KUWABARA T, IKEDA S, KURODA K. Measurement and analysis of different work hardening in cold-rolled steel sheet under biaxial tension[J]. Journal of Materials Processing Technology, 1998, 80/81：517 - 523.

[9]DUNAND M, MAERTENS A P, LUO M, et al. Experiments and modeling of anisotropic aluminum extrusions under multi-axial loading Part I：Plasticity[J]. International Journal of Plasticity, 2012, 36：34 - 49.

[10]LUO M, ROUSSELIER G. Modeling of large strain multi-axial deformation of anisotropic metal sheets with strength-differential effect using a reduced texture methodology[J]. International Journal of Plasticity, 2014, 53：66 - 89.

[11]KANG S K, KIM Y C, KIM K - H, et al. Extended expanding cavity model for measurement of flow properties using instrumented spherical indentation[J]. International Journal of Plasticity, 2013, 49：1 - 15.

[12]YOSHIDA F, HAMASAKI H, UEMORI T. A user-friendly 3D yield function to describe anisotropy of steel sheets[J]. International Journal of Plasticity, 2013, 45：119 - 139.

[13]PLUNKETT B, CAZACU O, BARLAT F. Orthotropic yield criteria for description of the anisotropy in tension and compression of sheet metals[J]. International Journal of Plasticity, 2008, 24：847 - 866.

[14]张飞飞，陈劼实，陈军，等. 各向异性屈服准则的发展及实验验证综述[J]. 力学进展，2012, 42(1)：68 - 80.

[15]LANKFORD W T, SNYDER S C, BAUSCHER J A. New criteria for predicting the press performance of deep drawing sheets[J]. Transactions of American Society for

Metals，1950，42：1197 - 1231.

［16］YONEZU A，YONEDA K，HIRAKATA H，et al. A simple method to evaluate anisotropic plastic properties based on dimensionless function of single spherical indentation-application to SiC whisker-reinforced aluminum alloy［J］. Materials Science and Engineering A，2010，527：7646 - 7657.

［17］KALKHORAN S M，CHOI W B，Gouldstone A. Estimation of plastic anisotropy in Ni - 5％ Al coating via spherical indentation［J］. Acta Materialia，2012，60：803 - 810.

［18］HUMPHREYS F J，HATHERLY M. Recrystallization and related annealing phenomena［M］. 2nd ed. Oxford：Elsevier，2004.

［19］ENGLER O，RANDLE V. Introduction to texture analysis macrotexture，microtexture and orientation mapping［M］. Boca Raton：CRC Press，2010.

［20］Honeycombe R W K. The Plastic Deformation of Metals［M］. 2nd ed. London：Edward Arnold（Publishers）Ltd. ，1984.

［21］LEE H，LEE J H，PHARR G M. A numerical approach to spherical indentation techniques for material property evaluation［J］. Journal of Mechanics and Physics of Solids，2005，53：2037 - 2069.

［22］GOTO K，WATANABE I，OHMURA T. Determining suitable parameters for inverse estimation of plastic properties based on indentation marks［J］. International Journal of Plasticity，2019，116：81 - 90.

［23］PATEL D K，KALIDINDI S R. Correlation of spherical nanoindentation stress-strain curves to simple compression stress-strain curves for elastic-plastic isotropic materials using finite element models［J］. Acta Materialia，2016，112：295 - 302.

［24］PATHAK S，KALIDINDI S R. Spherical nanoindentation stress-strain curves［J］. Materials Science and Engineering R，2015，91：1 - 36.

［25］PHARR G M. Recent advances in small-scale mechanical property measurement by nanoindentation［J］. Current Opinion in Solid State and Materials Science，2015，19：315 - 316.

［26］OLIVER W C，PHARR G M. An improved technique for determining hardness and elastic modulus using load and displacement sensing indentation measurements［J］. Journal of Materials Research，1992，7：1564 - 1583.

［27］OLIVER W C，PHARR G M. Measurement of hardness and elastic modulus by instrumented indentation：advances in understanding and refinements to methodology ［J］. Journal of Materials Research，2004，19:3 - 20.

［28］BELL T J，BENDELI A，FIELD J S，et al. The determination of surface plastic and elastic properties by ultra micro-indentation［J］. Metrologia，1992，28：463 - 469.

［29］ZHANG T，FENG Y，YANG R，et al. A method to determine fracture toughness using cube-corner indentation［J］. Scripta Materialia，2010，62：199 - 201.

[30]WANG M, WU J, HUI Y, ZHANG Z, et al. Identification of elastic – plastic properties of metal materials by using the residual imprint of spherical indentation[J]. Materials Science and Engineering A, 2017, 679: 143 – 154.

[31]WU J, Wang M, Hui Y, et al. Identification of anisotropic plasticity properties of materials using spherical indentation imprint mapping [J]. Materials Science and Engineering A, 2018, 723: 269 – 278.

[32]SCHMALING B, HARTMAIER A. Determination of plastic material properties by analysis of residual imprint geometry of indentation[J]. Journal of Materials Research, 2012, 27: 2167 – 2177.

[33]HUI H, WU J, WANG M, et al. Equivalent strain hardening exponent of anisotropic materials based on spherical indentation response[J]. Trans. Nonferrous Met. Soc. China, 2019, 29: 77 – 87.

[34]ZAMBALDI C, RAABE D. Plastic anisotropy of γ-TiAl revealed by axisymmetric indentation[J]. Acta Materialia, 2010, 58: 3516 – 3530.

[35]YONEZU A, KUWAHARA Y, Yoneda K, et al. Estimation of the anisotropic plastic property using single spherical indentation-An FEM study[J]. Computational Materials Science, 2009, 47: 611 – 619.

[36] CHENG Y T, CHENG C M. Scaling, dimensional analysis, and indentation measurements[J]. Materials Science and Engineering R, 2004, 44: 91 – 149.

[37] SNEDDON I N. The relation between load and penetration in the axisymmetric Boussinesq problem for a punch of arbitrary profile [J]. International Journal of Engineering Science, 1965, 3: 47 – 56.

[38]International Standard. Metallic materials-Instrumented indentation test for hardness and materials parameters: ISO 14577—2002 [S]. Switzerland: ISO copyright office, 2002.

[39]TABOR D. The Hardness of Metals[M]. Oxford: Clarendon Press, 1951.

[40]HILL R, LEE E H, Tupper S J. The theory of wedge indentation of ductile materials [J]. Proceedings of the Royal Society of London. Series A, Mathematical and Physical Sciences, 1947, 188: 273 – 289.

[41]HILL R. The Mathematical Theory of Plasticity[M]. Oxford: Clarendon Press, 1950.

[42]TALJAT B, ZACHARIA T, KOSEL F. New analytical procedure to determine stress-strain curve from spherical indentation data[J]. International Journal of Solids and Structures, 1998, 33: 4411 – 4426.

[43]DAO M, CHOLLACOOP N, VAN VLIET K J, et al. Computational modeling of the forward and reverse problems in instrumented sharp indentation[J]. Acta Materialia, 2001, 49: 3899 – 3918.

[44]CAO Y, LU J. A new method to extract the plastic properties of metal materials from an instrumented spherical indentation loading curve [J]. Acta Materialia, 2004, 52:

4023 - 4032.

[45]ZHAO M, OGASAWARA N, CHIBA N, et al. A new approach to measure the elastic-plastic properties of bulk materials using spherical indentation[J]. Acta Materialia, 2006, 54: 23 - 32.

[46]CASALS O, ALCALÁ J. The duality in mechanical property extractions from Vickers and Berkovich instrumented indentation experiments[J]. Acta Materialia, 2005, 53: 3545 - 3561.

[47]VLASSAK J J, NIX W D. Measuring the elastic properties of anisotropic materials by means of indentation experiments[J]. Journal of the Mechanics and Physics of Solids, 1994, 42: 1223 - 1245.

[48]WANG M, WU J, ZHAN X, et al. On the determination of the anisotropic plasticity of metal materials by using instrumented indentation[J]. Materials and Design, 2016, 111: 98 - 107.

[49]BOCCIARELLI M, BOLZON G, MAIER G. Parameter identification in anisotropic elastoplasticity by indentation and imprint mapping[J]. Mechanics of Materials, 2005, 37: 855 - 868.

[50]NAKAMURA T, GU Y. Identification of elastic-plastic anisotropic parameters using instrumented indentation and inverse analysis[J]. Mechanics of Materials, 2007, 39: 340 - 356.

[51]WANG M, WU J. Identification of plastic properties of metal materials using spherical indentation experiment and Bayesian model updating approach[J]. International Journal of Mechanical Sciences, 2019, 151: 733 - 745.

[52]ALKORTA J, MARTÍNEZ-ESNAOLA J M, GIL SEVILLANO J. Absence of one-to-one correspondence between elastoplastic properties and sharp-indentation load-penetration data[J]. Journal of Materials Research, 2005, 20: 432 - 437.

[53]LIU L, OGASAWARA N, CHIBA N, et al. Can indentation technique measure unique elastoplastic properties? [J]. Journal of Materials Research, 2009, 24: 784 - 800.

[54]CHENG Y T, CHENG C M. Can stress-strain relationships be obtained from indentation curves using conical and pyramidal indenters? [J]. Journal of Materials Research, 1999, 9: 3493 - 3496.

[55]CHEN X, OGASAWARA N, ZHAO M, et al. On the uniqueness of measuring elastoplastic properties from indentation: the indistinguishable mystical materials[J]. Journal of the Mechanics and Physics of Solids, 2007, 55: 1618 - 1660.

[56]CAO Y P, LU J. Depth-sensing instrumented indentation with dual sharp indenters: stability analysis and corresponding regularization schemes[J]. Acta Materialia, 2004, 52: 1142 - 1153.

[57]庄苗, 由小川, 廖剑晖. 基于 ABAQUS 的有限元分析和应用[M]. 北京: 清华大学出版

社，2009.

[58]马晓峰. ABAQUS 6.11 有限元分析从入门到精通[M]. 北京：清华大学出版社，2013.

[59] BONNANS J F，GILBERT J C，LEMARÉCHAL C，et al. Numerical optimization：theoretical and practical aspects [M]. 2nd ed. Berlin Heidelberg：Springer-Verlag，2006.

[60]HILL R. A theory of the yielding and plastic flow of anisotropic metals[J]. Proceedings of The Royal Society A，1948，193：281－297.

[61]BARLAT F，LEGE D J，BREM J C. A 6-component yield function for anisotropic materials[J]. International Journal of Plasticity，1991，7：693－712.

[62]BARLAT F，ARETZ H，YOON J W，et al. Linear transformation-based anisotropic yield functions[J]. International Journal of Plasticity，2005，21：1009－1039.

[63]CHING J，CHEN Y C. Transitional markov chain monte carlo method for bayesian model updating，model class selection，and model averaging[J]. Journal of Engineering Mechanics，2007，133：816－832.

[64]METROPOLIS N，ROSENBLUTH A W，ROSENBLUTH M N，et al. Equation of state calculations by fast computing machines[J]. Journal of Chemical Physics，1953，21：1087－1092.

[65] HASTINGS W K. Monte Carlo sampling methods using Markov chains and their applications[J]. Biometrika，1970，57：97－109.

[66] CHING J，WANG J S. Application of the transitional Markov chain Monte Carlo algorithm to probabilistic site characterization[J]. Engineering Geology，2016，203：151－167.

[67]MALZBENDER J. Comparison of surface and cross-sectional indentation in a coating[J]. Surface & Coating Technology，2006，201：3797－3801.